茶园杂草
彩色图谱

谈孝凤 张 斌 陈国奇 主编

CHAYUANZACAOCAISETUPU

中国农业出版社
北京

编写委员会

主　　任：胡继承

副 主 任：雷睿勇　朱　怡　彭玉荣

主　　编：谈孝凤　张　斌　陈国奇

副 主 编：耿　坤　吴　琼　金林红　何永福　叶照春

编　　者：（按姓氏笔画排序）

王　志　王　蓉　王凤梅　王姝玮　叶照春

田景光　朱　涛　刘　霞　江　健　江兆春

李子红　李学琳　肖卫平　吴　琼　何永福

余杰颖　张　升　张　勇　张　斌　张　慧

张小容　陈　卓　陈国奇　邵昌余　范刚强

罗　迷　罗时高　金林红　胡吉峰　段长流

段学艺　贺海雄　袁　烨　耿　坤　莫雪梅

夏忠敏　郭国雄　郭晓关　唐建锋　谈孝凤

龚　雪　焦明姚　赖阳达　薛文鹏

preparation committee

序

　　茶不仅仅是一种饮品，还承载着道法天然、内省外修的东方智慧。近年来茶产业的快速发展，对促进农民增收、带动贫困群众脱贫，推进茶、文、旅一体化和乡村振兴发挥了重要作用，践行了"绿水青山就是金山银山"理念。

　　在茶产业发展过程中，茶园杂草在茶叶生产中存在着两面性，一方面丰富了茶园生物多样性，使害虫天敌数量增多，同时对茶园土壤能够起到保温、保湿、保松的作用；另一方面一些竞争优势强的杂草，不仅与茶树争水、争肥、争光，而且还可能携带病虫害或成为许多茶树病虫害的中间寄主，严重影响茶园田间管理。以草甘膦为代表的化学除草剂的使用，虽然有效控制了茶园杂草，但茶园生物多样性遭到破坏，给土壤环境及人类带来风险。贵州在2014年就提出了茶园"宁要草，也不要草甘膦"的茶园杂草管理措施。

　　《茶园杂草彩色图谱》一书，编撰团队历时三年，对贵州不同茶叶种植区域开展了茶园杂草种类、草相及优势种群等调查研究，共采集收录了49科168种茶园杂草，其中33种为外来入侵杂草。该书图文并茂，数据翔实，实用性强，是一本记录茶园杂草种类、特征和危害等级较为全面的工具书，对推进茶园生态健康管理和绿色防控具有重要意义。希望本工具书的出版能为相关科技工作者、茶企、茶农提供帮助。

中国工程院院士：宋宝安

2019年8月于贵阳

p　r　e　f　a　c　e

前言

  茶 [*Camellia sinensis* (L.) O. Ktze.] 是生长于热带、亚热带地区的山茶科多年生常绿木本植物。茶叶含茶多酚、茶色素、茶氨酸、茶多糖、γ-氨基丁酸等多种对人体有益的成分，具有多重保健、养生等方面的功能，与咖啡并称为世界上主要的两大类饮料。

  我国是世界上最早发现、种植和利用茶的国家，茶的栽培历史已长达数千年，曾经和丝绸、陶瓷被称为是最具有中国特色的产品（李清光等，2011）。我国是世界上茶叶产量和种植面积最大的国家，从1978年的104.8万公顷上升至2016年的290.2万公顷，茶园面积占农作物播种总面积的5.4%（中国统计年鉴2017）。

  贵州省是世界茶的原产地和发源地之一。近年来贵州高度重视茶产业的发展，在中共贵州省委、贵州省人民政府制定的《关于加快茶产业发展的意见》中，明确将茶产业作为贵州省的支柱产业来培育发展，2014年以来，贵州省出台了《贵州省茶产业提升三年行动计划（2014—2016年）》（黔府办发〔2014〕19号）等多个支持性政策文件，着力推进贵州省茶产业转型升级，提升品牌竞争力，促进农村经济发展和农民增收。截止到2017年，贵州全省茶园面积46.67万公顷（投产茶园面积35.13万公顷），占全国茶园总面积301.2万公顷的15.5%，连续五年排名全国第一；2017年全省茶叶总产量32.7万吨，总产值361.9亿元 [李裴、胡继承《贵州茶产业发报告（2017）》]。

  随着人们对茶叶品质要求的提高和劳动力成本的快速上涨，茶园杂草危害已成为茶产业发展的主要障碍之一。茶园杂草种类多，群落结构多种多样，与茶树争夺水分、养分、空间，进而胁迫茶树生长，严重影响茶叶产量和品质。在幼龄茶园和新投产茶园危害尤为严重。杂草还可能携带病菌、害虫或成为许多茶树病菌、害虫的过渡寄主，间接影响茶树的生长发育。另一方面，杂草群落作为茶园生态系统的主要组分之一，其动态演替可影响茶园生态系统结构，直接关系到其中的昆虫、微生物等群落的组成结构、多样性和数量。

在茶园除草方面，20世纪70年代，国内开始广泛推广化学除草剂，其应用面积占总播种面积的一半以上，形成了以除草剂为核心的化学控草技术体系，并被国内多数茶园采用。然而，除草剂的过量使用导致茶叶品质降低、品系流失、茶园生态系统破坏等问题开始显现。杂草防除已成为茶树植保中的瓶颈。然而长期以来，相对于茶树病虫害的研究，草害问题一直不被重视。目前国内外针对茶园植保研究所出版的著作、防控教材均以虫害和病害为主，未见有草害的研究报道。在当前全国农药"零增长"及加大茶叶贸易出口力度的背景下，科学认识茶园杂草的发生及危害，并提出科学的防治策略，显得尤其重要。

近年来，"绿色发展"理念已深入人心。为了将绿色发展标准引入茶产业，保证茶叶品质，贵州禁用农药参照欧盟及日本标准，在国家标准的基础上多出63项，在全国率先禁用水溶性农药及草甘膦。在茶园杂草的防控上，大力推广机械除草、生态控草等绿色防控理念，并提出了"宁可要草，也不要草甘膦"的口号。贵州要以绿色发展为标准提升茶品质，以提高茶叶质量为中心，用最适宜的区域、最优良的环境、最健康的土壤，生产最优质的茶叶，打造干净茶、放心茶、健康茶。中国工程院院士、著名茶叶专家陈宗懋指出："我们不能一边宣传喝茶健康，一边让人喝不健康的茶，所以一定要保证茶叶的干净、安全，而在这一点上，贵州已经做到了！"

为了明确茶园杂草的种类和优势种群，为开展茶园杂草绿色防控奠定基础，2016年，由贵州省植保植检站牵头，贵阳市植保植检站具体实施，南京农业大学植物保护学院除草剂研究实验室、扬州大学农学院、贵州省农业科学院植物保护研究所为技术支撑单位，开展了《植保新技术试验示范项目　特色经济作物草害调查及控制技术试验》（黔农财〔2016〕109号）、《贵州新建茶园生态控草技术研究与示范》（黔科合支撑〔2016〕2530号）《贵州省科技计划项目　传粉昆虫多样性与茶园生态环境健康的关联性研究》（黔科合支撑〔2018〕2359）、《贵州省科技成果转化引导基金计划　贵州茶园病虫害绿色防控技术集成与示范推广》（黔科合成转字〔2015〕5020号），正式开展茶园杂草相关研究工作。历经3年，完成了《茶园杂草彩色图谱》的图片采集、编撰工作。纵观本书，有几个特点：

一、杂草种类丰富

研究团队以贵州茶区为主要调查地，深入贵阳、遵义、六盘水、黔西南、黔南、铜仁、黔东南、安顺、毕节等不同产茶区，全面开展杂草种类调查工作。共编列了168种茶园杂草，涉及49科。

二、杂草图片全面

在采集每种杂草图片时，力求采集到杂草的整株及花、茎、叶、种子、果实等关键部分，在专业性、科普性的基础上追求全面、美观，使读者一目了然，以帮助读者在生产中准确识别杂草和掌握其特征。

三、杂草危害分级

在文字描述中，不仅使用专业的文字语言对每种杂草进行形态学描述，而且为便于茶园管理和茶叶生产相关人员参考此书，并为辅助有关科研人员及管理部门更直观地了解贵州省茶园杂草种类组成概况，我们基于近几年的研究工作和田间调查观测对每种杂草在茶园中的发生情况和危害性进行了分级，并对每个分级进行了赋值，详见《编写说明》，力求科学、详细，以便于生产实践和科研工作人员使用。

在项目实施过程中，我们团队得到了全国农业技术推广服务中心、贵州省农业农村厅、贵阳市农业农村局等各级领导的大力支持，特别是南京农业大学植物保护学院除草剂研究实验室董立尧教授的团队，给予了莫大的技术支持。在历时近3年的调查过程中，董立尧教授几度亲赴贵州，指导并参加茶园杂草调查，使得项目能够顺利进行，在此致以诚挚的谢意，同时向对提供大力协助的开阳县、修文县、花溪区、清镇市、湄潭县、凤冈县、六枝特区、盘州、都匀市、瓮安县、兴仁市、普安县、兴义市、西秀区、岑巩县、石阡县、普定县等当地植保机构表示衷心的感谢。

能把知识和技术送给广大农民，直接应用于生产而创造良好的实际价值，是我们的共同心愿，希望并相信这本工具书能在茶产业生产上发挥其应有的良好作用。

由于作者知识水平有限，书中难免错漏，敬请各位专家和读者批评指正。

foreword

编写说明

　　本书共编列了168种贵州茶园杂草，各杂草种类的学名和拉丁名主要以《中国植物志》为准，杂草英文名主要参照美国杂草学会官方网站WSSA（http://wssa.net/wssa/weed/composite-list-of-weeds/）、夏威夷生态风险研究项目官方网站HEAR（www.hear.org）等在线数据库，对于尚无正式英文名的杂草该项信息作空缺处理。外来入侵杂草的有关信息主要参考徐海根、强胜主编的2018年版《中国外来入侵生物》（修订版）。

　　为便于茶园管理和茶叶生产相关人员参考此书，并为辅助有关科研人员及管理部门更直观地了解贵州省茶园杂草种类组成概况，我们基于近几年的研究工作和田间调查观测对每种杂草在本地区茶园中的发生情况和危害性进行了分级：

　　"★"表示，偶见于贵州茶园，发生量小，危害轻，不需针对性地采取防控措施；"★★"表示，贵州多地茶园常见，但不成为主要杂草，一般无须针对性地采取防控措施；"★★★"表示，贵州茶园常见杂草，需进行防除，但一般不造成严重草害；"★★★★"表示，贵州茶园主要杂草，在疏于管理的茶园会大量滋生并造成严重草害，需要及时防除；"★★★★★"表示，贵州茶园常见的恶性杂草，生长迅速，防除困难，常密集覆盖茶树，可导致茶树死亡和茶叶近乎绝收。

　　本书所编撰的168种杂草共涉及49个科，其中菊科种类最多（共35种），其次是禾本科（19种）、蓼科（9种）、荨麻科（7种）、伞形科（6种）、蔷薇科（6种）、玄参科（6种）、石竹科（6种）、豆科（6种）、莎草科（5种）。此外，外来入侵杂草以^侵标于危害等级符号后，全书共编列了33种外来入侵杂草，共涉及14科，其中16种属于菊科。

在所编列的168种茶园杂草中，危害等级"★★★★★"的杂草共9种，包括蕨类的蕨、禾本科的柔枝莠竹、菊科的苏门白酒草和小飞蓬、蓼科的何首乌、旋花科的飞蛾藤、商陆科的美洲商陆、石竹科的箐姑草和鸭跖草科的鸭跖草。危害等级"★★★★"的杂草11种，包括禾本科的白茅、牛筋草和五节芒、蕨类的海金沙、蓼科的杠板归和水蓼、葡萄科的乌蔹莓、茜草科的鸡矢藤、蔷薇科的插田泡、石竹科的繁缕和酢浆草科的酢浆草。危害等级"★★★"的杂草共35种；危害等级"★★"的杂草69种；危害等级"★"的杂草44种。

目录

第一章　茶园杂草识别

c　o　n　t　e　n　t　s

第二章　茶园杂草情况概述

c　　o　　n　　t　　e　　n　　t　　s

茶园杂草 彩色图谱

chapter one

第一章
茶园杂草识别

天南星科 Araceae

半夏 *Pinellia ternata* (Thunb.) Breit ★

英文名：Crow-dipper

具有地下块茎，呈圆球形，直径1～2厘米，有根须。叶2～5枚，有时1枚；叶柄长15～20厘米，基部具鞘，鞘内、鞘部以上或叶片基部（叶柄顶头）有直径3～5毫米的珠芽。珠芽在母株上萌发或落地后萌发；幼苗叶片卵状心形至戟形，为全缘单叶；老株叶片3全裂，裂片长圆状椭圆形或披针形，全缘或具不明显的浅波状圆齿。花序柄长于叶柄。佛焰苞绿色或绿白色，管部狭圆柱形，长1.5～2厘米；檐部长圆形。肉穗花序，雌花序长2厘米，雄花序长5～7毫米，其中间隔3毫米；附属器绿色变青紫色，长6～10厘米。浆果卵圆形，黄绿色。

半夏在贵州较为常见，在茶园主要发生于遮阳、潮湿之处，危害轻。全草可入药。

莎草科 Cyperaceae

碎米莎草 *Cyperus iria* L. ★★

英文名：Rice flatsedge

无根状茎。秆丛生，扁三棱形，基部具少数叶。叶短于秆，叶鞘红棕色或棕紫色。叶状苞片3～5枚，下面的2～3枚常较花序长；长侧枝聚伞花序通常复出，具4～9个辐射枝，每个辐射枝具5～10个穗状花序，或更多；穗状花序卵形或长圆状卵形，具5～22个小穗；小穗排列松散，斜展开，具6～22朵花；小穗轴上近于无翅；鳞片排列疏松，膜质，宽倒卵形，顶端微缺，绿色，两侧呈黄色或麦秆黄色，上端具白色透明的边。小坚果倒卵形或椭圆形，三棱形。

常见于贵州低海拔地区茶园，尤其在幼茶园有时发生量较大。

香附子 *Cyperus rotundus* L.　　　★★ 侵

英文名：Coco-grass

　　别称为莎草。匍匐根状茎长，具椭圆形块茎。秆锐三棱形，平滑，基部呈块茎状。叶较多，短于秆，平张；鞘棕色，常裂成纤维状。叶状苞片2～3（5）枚；长侧枝聚伞花序具（2）3～10个辐射枝；穗状花序轮廓为陀螺形，稍疏松，具3～10个小穗；小穗斜展开，线形，具8～28朵花；小穗轴具较宽、白色透明的翅；鳞片稍密地复瓦状排列，膜质，顶端急尖或钝，无短尖，中间绿色，两侧紫红色或红棕色。小坚果长圆状倒卵形，三棱形。

　　原产于亚洲南部。喜生于疏松土壤，常见于贵州各地茶园，地下块茎和匍匐根状茎再生能力强，危害相对较轻。块根可作药用。

两歧飘拂草 *Fimbristylis dichotoma* (L.) Vahl ★

英文名：Forked Fimbry

　　无根状茎。秆丛生，高15～50（80）厘米。叶线形，宽1～2.5毫米；鞘革质，上端近于截形。苞片3～4枚，叶状，通常有1～2枚长于花序；长侧枝聚伞花序疏散或紧密；小穗单生于辐射枝顶端，卵形、椭圆形或长圆形，宽约2.5毫米，具多数花；鳞片卵形、长圆状卵形或长圆形，长2～2.5毫米，褐色，有光泽，脉3～5条，中脉顶端延伸成短尖。小坚果宽倒卵形，双凸状，长约1毫米，无疣状突起，具褐色的柄。

　　喜湿，在贵州低海拔地区高温季节较为常见，危害较轻。

短叶水蜈蚣 *Kyllinga brevifolia* Rottb. ★★

英文名：Shortleaf Spikesedge

别称为水蜈蚣。根状茎长而匍匐，外被膜质、褐色的鳞片，具多数节间，每节长1秆。秆成列散生，细弱，高7～20厘米，扁三棱形，平滑，具4～5个圆筒状叶鞘，最下面2个叶鞘常为干膜质，棕色，鞘口斜截形，顶端渐尖，上面2～3个叶鞘顶端具叶片。叶柔弱，宽2～4毫米，平张，上部边缘和背面中肋上具细刺。叶状苞片3枚，极展开，后期常向下反折；穗状花序单个，极少2或3个，具极多数密生的小穗。小穗长圆状披针形或披针形，压扁，长约3毫米，宽0.8～1毫米，具1朵花；鳞片膜质，白色，具锈斑，少为麦秆黄色，背面的龙骨状突起绿色，具刺，顶端延伸成外弯的短尖。小坚果倒卵状长圆形，扁双凸状，长约为鳞片的1/2，表面具密的细点。

喜湿，常见于贵州海拔较低茶园潮湿处。

砖子苗 *Mariscus umbellatus* Vahl ★

英文名：Sawgrass

　　根状茎短。秆疏丛生，锐三棱形，平滑，基部膨大。叶短于秆或几乎与秆等长，下部常折合，向上渐成平张，边缘不粗糙；叶鞘褐色或红棕色。叶状苞片5～8枚，通常长于花序，斜展；长侧枝聚伞花序简单，具6～12个或更多辐射枝，辐射枝长短不等；穗状花序圆筒形或长圆形，具多数密生的小穗；小穗平展或稍俯垂，线状披针形，长3～5毫米，宽约0.7毫米；小穗轴具宽翅，翅披针形，白色透明。小坚果狭长圆形。

　　偶见于贵州各地茶园潮湿处，危害轻。

禾本科 Poaceae

看麦娘 *Alopecurus aequalis* **Sobol.** ★★★

英文名：Shortawn Foxtail

秆少数丛生，细瘦，光滑，节处常膝曲。叶鞘光滑，短于节间；叶舌膜质，长2～5毫米；叶片扁平，长3～10厘米。圆锥花序圆柱状，灰绿色；小穗椭圆形或卵状长圆形，长2～3毫米；花药橙黄色。颖果长约1毫米。

常见于贵州各地茶园，有时在幼茶园和苔刈茶园危害较严重。

扁穗雀麦 *Bromus catharticus* Vahl ★ 侵

英文名：Rescuegrass

秆直立，直径约5毫米。叶鞘闭合，被柔毛；叶舌长约2毫米，具缺刻；叶片散生柔毛。圆锥花序开展，粗糙，长约20厘米，分枝长约10厘米；小穗两侧极压扁，含6～11朵小花，小穗长15～30毫米；第一颖具7条脉，第二颖稍长，具7～11条脉；外稃具11条脉，沿脉粗糙，顶端具芒尖，基盘钝圆，无毛；内稃窄小，两脊生纤毛。颖果长7～8毫米，顶端具茸毛。

原产于南美洲。目前，在贵州茶园危害轻，喜湿，常在茶园周边或茶园内植被稀疏处丛生，种子量大。

细柄草 *Capillipedium parviflorum* (R. Br.) Stapf ★★

英文名：Scented Top

簇生草本。秆直立或基部稍倾斜。叶舌干膜质，长0.5～1毫米，边缘具短纤毛；叶片线形。圆锥花序长圆形，具1～2回小枝，纤细光滑无毛，枝腋间具细柔毛，小枝顶端为具1～3节的总状花序，总状花序轴边缘具纤毛。无柄小穗长3～4毫米，基部具髯毛；第一颖背腹扁，先端钝，背面稍下凹，被短糙毛；第二颖舟形，上部边缘具纤毛；有柄小穗中性或雄性，无芒。

贵州常见杂草，在疏于管理的茶园有时发生量较大，通常危害较轻。

狗牙根 *Cynodon dactylon* (L.) Pers. ★★

英文名：Doob

有根状茎和匍匐枝。茎平铺于地面或埋入土中，光滑坚硬，节处向下生根，株高。叶片平展、披针形，长3.8~8厘米，边缘有细齿，叶色浓绿。穗状花序3~6个呈指状排列于茎顶，小穗排列于穗轴一侧，有时略带紫色。种子长1.5毫米，卵圆形，成熟易脱落。

常见于贵州低海拔较为干旱的茶园，有时在茶园周边及开阔处发生量较大，在茶园中危害较轻。

鸭茅 *Dactylis glomerata* L. ★

英文名：Cock's-foot

秆直立或基部膝曲，单生或少数丛生。叶鞘无毛，通常闭合达中部以上；叶舌薄膜质，长4～8毫米，顶端撕裂；叶片扁平，边缘或背部中脉均粗糙。圆锥花序开展，分枝单生或基部者稀孪生，伸展或斜向上升，1/2以下裸露，平滑；小穗多聚集于分枝上部，含2～5朵花，绿色或稍带紫色；颖片披针形，先端渐尖，边缘膜质，中脉稍凸出成脊，脊粗糙或具纤毛；外稃背部粗糙或被微毛，脊具细刺毛或具稍长的纤毛，顶端具长约1毫米的芒。

偶见于贵州低海拔地区茶园，喜湿、耐阴，危害较轻。

升马唐 *Digitaria ciliaris* (Retz.) Koel. ★★★

英文名：Tropical Finger-grass

秆基部横卧于地面，节处生根和分枝。叶鞘常短于其节间，多少具柔毛；叶舌长约2毫米；叶片线形或披针形，上面散生柔毛，边缘稍厚，微粗糙。总状花序5～8个，呈指状排列于茎顶；穗轴宽约1毫米，边缘粗糙；小穗披针形，长3～3.5毫米，孪生于穗轴一侧；第一颖小，三角形；第二颖披针形，长约为小穗的2/3，具3条脉，脉间及边缘生柔毛；第一外稃等长于小穗，具7条脉，边缘具长柔毛；第二外稃椭圆状披针形，革质，等长于小穗。

在贵州茶园常见，尤其是在茶园开阔之处可大量滋生，在幼茶园危害较重。

旱稗 *Echinochloa hispidula* (Retz.) Nees ★★

　　直立草本。叶鞘平滑无毛；叶舌缺；叶片扁平，线形，宽6～12毫米。圆锥花序狭窄，长5～15厘米，宽1～1.5厘米，分枝上不具小枝，有时中部轮生；小穗卵状长圆形，长4～6毫米；第一颖三角形，长为小穗的1/2～2/3，基部包卷小穗；第二颖与小穗等长，具小尖头，有5条脉，脉上具刚毛或有时具疣基毛，芒长0.5～1.5厘米；第一小花通常中性，外稃草质，具7条脉，内稃薄膜质，第二外稃革质，坚硬。

　　喜湿、耐阴、耐旱，常见于贵州海拔较低地区茶园，一般情况下发生量不大，危害相对较轻。

牛筋草 *Eleusine indica* (L.) Gaertn.　　　　　　　　★★★★

英文名：Goosegrass

根系极发达。秆丛生，基部倾斜。叶鞘两侧压扁而具脊，松弛，无毛或疏生疣毛；叶舌长约1毫米；叶片平展，线形。穗状花序2～7个呈指状着生于秆顶，很少单生；小穗长4～7毫米；颖披针形，具脊，脊粗糙；第一外稃卵形，膜质，具脊，脊上有狭翼，内稃短于外稃，具2脊，脊上具狭翼。

常见于贵州各地茶园，尤其是在丘陵地带的幼茶园危害严重，在大龄茶园较为宽阔的行间也会大量发生。

鲫鱼草 *Eragrostis tenella* (L.) Beauv. ex Roem. et Schult. ★★★

英文名：Japanese Lovegrass

秆纤细，直立或基部膝曲，或呈匍匐状。叶鞘疏松裹茎，比节间短，鞘口和边缘均疏生长柔毛；叶舌为1圈短纤毛；叶片扁平，上面粗糙，下面光滑，无毛。圆锥花序开展，分枝单一或簇生，节间很短，腋间有长柔毛，小枝和小穗柄上具腺点；小穗卵形至长圆状卵形，长约2毫米。颖果长圆形，深红色，长约0.5毫米。

耐阴、耐旱、耐贫瘠，常见于贵州各地茶园，常在茶园中开阔处以及茶园周边密集丛生，对幼茶园危害较大。

白茅 *Imperata cylindrica* (L.) Raeuschel ★★★★

英文名：Cogongrass

具粗壮的长根状茎。秆直立，具1～3节，节无毛。叶鞘聚集于秆基部，甚长于其节间，老后破碎呈纤维状；叶舌膜质，长约2毫米，紧贴其背部或鞘口，具柔毛；秆生叶窄线形，通常内卷，顶端渐尖呈刺状，下部渐窄。圆锥花序稠密，长20厘米，小穗长4.5～5（6）毫米，基盘具长12～16毫米的丝状柔毛；两颖草质及边缘膜质，近相等，常具纤毛，脉间疏生长丝状毛。颖果椭圆形，长约1毫米。

在贵州各地茶园均较常见，常丛生于疏于管理、茶树覆盖度较小、地表透光率高的茶园，地下根状茎密集并且极易发出无性系幼苗，与茶树根部形成恶性竞争关系，极难防除，机械割除容易再生。

柔枝莠竹 *Microstegium vimineum* (Trin.) A. Camus　★★★★★

英文名：Giant Miscanthus

秆下部匍匐于地面，节上生根，多分枝，无毛。叶鞘短于其节间，鞘口具柔毛；叶舌截形，长约0.5毫米，背面生毛；叶片长4～8厘米，边缘粗糙，顶端渐尖，基部狭窄，中脉白色。总状花序2～6枚，长约5厘米，近指状排列于长5～6毫米的主轴上；无柄小穗长4～4.5毫米，基盘具短毛或无毛；第一颖披针形，贴生微毛；第二颖顶端渐尖，无芒。颖果长圆形，长约2.5毫米。有柄小穗等长于无柄小穗或稍短。

喜湿、耐阴，常见于贵州各地茶园，危害严重，可在茶树下和茶园行间密集丛生，形成单优势群落。

五节芒 *Miscanthus floridulus* (Lab.) Warb. ex Schum. et Laut. ★★★★

英文名：Pacific Island Silvergrass

具发达根状茎。秆高大似竹，无毛，节下具白粉。叶鞘无毛，鞘节具微毛；叶舌长1～2毫米，顶端具纤毛；叶片披针状线形，扁平，基部渐窄或呈圆形，顶端长渐尖，中脉粗壮隆起，边缘粗糙。圆锥花序大型，稠密，主轴粗壮，无毛；分枝较细弱，通常10多枚簇生于基部各节，具2～3回小枝，腋间生柔毛；小穗柄无毛，顶端稍膨大；小穗卵状披针形，长3～3.5毫米，黄色，基盘具较长于小穗的丝状柔毛。

贵州茶园常见杂草，在茶园开阔、潮湿处易丛生，植株高大，防除困难。

求米草 *Oplismenus undulatifolius* **(Arduino) Beauv.** ★★★

英文名：Wavyleaf Basketgrass

　　秆纤细上升，基部平卧于地面，节处生根。叶鞘密被疣基毛；叶舌膜质，短小，长约1毫米；叶片扁平，披针形至卵状披针形，先端尖，基部略圆形而稍不对称，通常具细毛。圆锥花序主轴密被疣基长刺状柔毛；分枝短缩，有时下部的分枝延伸长达2厘米；小穗卵圆形，被硬刺毛，长3～4毫米，簇生于主轴或部分孪生；颖草质，第一颖长约为小穗的1/2，顶端具硬直芒；第二颖较长于第一颖，顶端芒长2～5毫米；第一外稃草质，与小穗等长，顶端芒长1～2毫米，第一内稃通常缺。

　　贵州各地茶园常见杂草，喜湿、耐阴，在茶园潮湿处有时成片丛生。

糠稷 *Panicum bisulcatum* Thunb. ★

英文名：Japanese Panicgrass

秆纤细，较坚硬，直立或基部伏地，节上可生根。叶鞘松弛，边缘被纤毛；叶舌膜质，长约0.5毫米，顶端具纤毛；叶片质薄，狭披针形。圆锥花序分枝纤细，斜举或平展；小穗椭圆形，长 2～2.5毫米，绿色或有时带紫色，具细柄；第一颖近三角形，长约为小穗的1/2；第二颖与第一外稃同形并且等长，均具5条脉；第二外稃椭圆形，表面平滑，光亮，成熟时黑褐色。

喜湿、耐阴，在贵州海拔较低地区茶园较常见，多生于茶园周边潮湿处或水沟边。

狼尾草 *Pennisetum alopecuroides* (L.) Spreng. ★

英文名：Chinese Fountaingrass

秆直立，丛生，高30～120厘米，在花序下密生柔毛。叶鞘光滑，两侧压扁，主脉呈脊状；叶舌具长约2.5毫米的纤毛；叶片线形，先端长渐尖，基部生疣毛。圆锥花序直立；主轴密生柔毛；刚毛粗糙，淡绿色或紫色；小穗通常单生，偶有双生，线状披针形，长5～8毫米。颖果长圆形，长约3.5毫米。

偶见于贵州茶园开阔处或茶园周边，危害相对较轻，一旦丛生，难以根除。

大狗尾草 *Setaria faberii* Herrm. ★★

英文名：Japanese Bristlegrass

秆粗壮而高大，直立或基部膝曲，无毛，通常具有支柱根。叶鞘松弛，边缘具细纤毛或无毛；叶舌具密集的长1～2毫米的纤毛；叶片线状披针形，先端渐尖细长，基部钝圆或渐窄呈柄状，边缘具细锯齿。圆锥花序紧缩，呈圆柱状，通常垂头，主轴具较密长柔毛；小穗椭圆形，长约3毫米，下托以1～3枚较粗而直的刚毛，刚毛通常绿色，粗糙；颖果椭圆形，顶端尖。该种与狗尾草相似，但其花序垂头，小穗长约3毫米，第二颖长为小穗的1/2～2/3，第二颖顶端尖并具较粗的横皱纹等特征可以与狗尾草区分。

常见于贵州各地茶园，在高海拔山地茶园相对较少见，在幼茶园边缘空地有时发生量较大。

棕叶狗尾草 *Setaria palmifolia* (Koen.) Stapf ★★

英文名：Palmgrass

具根状茎，须根较坚韧。秆直立或基部稍膝曲。叶鞘松弛，上部边缘具较密而长的疣基纤毛，毛易脱落，下部边缘薄纸质，无纤毛；叶舌长约1毫米，具长2～3毫米的纤毛；叶片纺锤状宽披针形，基部窄缩，呈柄状，具纵深皱折。圆锥花序主轴延伸甚长，呈开展或稍狭窄的塔形，主轴具棱角，分枝排列疏松，甚粗糙；小穗卵状披针形，长2.5～4毫米，排列于小枝的一侧。颖果卵状披针形，成熟时往往不带着颖片脱落，具不甚明显的横皱纹。

贵州低海拔地区茶园常见杂草，喜湿、耐阴，一般危害较轻。

狗尾草 *Setaria viridis* (L.) Beauv. ★★

英文名：Green Bristlegrass

别称有谷莠子、莠。根为须状。秆直立或基部膝曲，丛生。叶鞘松弛，无毛或疏具柔毛或疣毛，边缘具较长的密绵毛状纤毛；叶舌极短，缘有长1～2毫米的纤毛；叶片扁平，线状披针形，边缘粗糙，基部钝圆。圆锥花序紧密，呈圆柱状，直立或稍弯垂，主轴被较长柔毛；小穗2～5个簇生于主轴上，或更多的小穗着生于短小枝上，椭圆形，先端钝，长2～2.5毫米，浅绿色；第一颖卵形、宽卵形，长约为小穗的1/3，先端钝或稍尖，具3条脉。颖果灰白色。

常见于贵州各地茶园，总体危害较轻，在幼茶园有时发生量较大，可用的除草剂较多。

鼠尾粟 *Sporobolus fertilis* (Steud.) W. D. Clayt. ★★

英文名：Giant Parramatta Grass

须根较粗壮且较长。秆直立，丛生，质较坚硬，平滑无毛。叶鞘疏松裹茎；叶舌极短，长约0.2毫米，纤毛状；叶片质较硬，通常内卷，少数扁平。圆锥花序较紧缩，呈线形，常间断，或稠密近穗形，分枝稍坚硬，直立，与主轴贴生或倾斜，小穗密集着生其上；小穗灰绿色且略带紫色，长1.7~2毫米；颖膜质。颖果成熟后红褐色，长1~1.2毫米。

耐旱、耐瘠，常见于贵州低海拔地区茶园周边或开阔处，根系发达，难以清除。

百合科 Liliaceae

肖菝葜 *Heterosmilax japonica* Kunth ★★★

攀缘灌木，无毛；小枝有钝棱。叶纸质，卵形、卵状披针形或近心形，长6～20厘米，宽2.5～12厘米，先端渐尖或短渐尖，有短尖头，基部近心形，主脉5～7条，边缘2条到顶端与叶缘汇合，支脉网状，在两面明显；叶柄长1～3厘米，在下部1/4～1/3处有卷须和狭鞘。伞形花序有20～50朵花，生于叶腋或褐色的苞片内；总花梗扁，长1～3厘米；花序托球形，直径2～4毫米；花梗纤细，长2～7毫米；雄花花被筒矩圆形或狭倒卵形，长3.5～4.5毫米，顶端有3枚钝齿；雌花花被筒卵形，长2.5～3毫米，具3枚退化雄蕊，柱头3裂。浆果球形而稍扁，熟时黑色。

常见于贵州海拔较低的山地和丘陵区域茶园，在疏于管理的茶园可密集覆盖茶树，遮挡茶树，影响茶树采光，进而造成严重草害，并且该种为带刺木质藤本，防除十分困难，一旦发生，宜尽早根除。

香蒲科 Typhaceae

香蒲 *Typha orientalis* Presl ★

英文名：Raupo

水生或沼生草本。根状茎乳白色。地上茎粗壮，向上渐细。叶片条形，光滑无毛，上部扁平，背面逐渐隆起呈"凸"字形，细胞间隙大，海绵状；叶鞘抱茎。雌雄花序紧密连接；雄花序轴具白色弯曲柔毛，自基部向上具 1 ～ 3 枚叶状苞片，花后脱落；雌花序基部具 1 枚叶状苞片，花后脱落。小坚果椭圆形至长椭圆形；果皮具褐色长斑点。

见于贵州潮湿的丘陵地区茶园，多生于茶园周边或茶园中开阔、潮湿或沼泽处，危害较轻。

鸭跖草科 Commelinaceae

火柴头 *Commelina bengalensis* L.　　　　★★

英文名：Benghal Dayflower

别称为饭包草。披散草本。茎大部分匍匐，节上生根，上部及分枝上部上升，被疏柔毛。叶有柄；叶片卵形，近无毛；叶鞘口沿有疏而长的睫毛。总苞片漏斗状，与叶对生，常数枚集于枝顶，下部边缘合生，被疏毛，顶端短急尖或钝，柄极短；花序下面一枝具细长梗，具1～3朵不孕的花，伸出佛焰苞，上面一枝有花数朵，结实，不伸出佛焰苞；萼片膜质，披针形，无毛；花瓣蓝色，圆形，内面2枚具长爪。蒴果椭圆状，3室。本种与鸭跖草的主要区别在于叶片卵形或宽卵形，先端钝，总苞片基部常合生，呈漏斗状。

常见于贵州各地茶园，尤其是幼茶园或茶园开阔处。可作药用。

茶园杂草彩色图谱

鸭跖草 *Commelina communis* L. ★★★★★

英文名：Asiatic dayflower

披散草本。茎匍匐生根，多分枝，下部无毛，上部被短毛。总苞片佛焰苞状，与叶对生，折叠状，展开后为心形，顶端短急尖，基部心形，长1.2～2.5厘米，边缘常有硬毛；聚伞花序，下面1枝仅有花1朵，具长8毫米的梗，不孕；上面1枝具花3～4朵，具短梗，几乎不伸出佛焰苞；花瓣深蓝色，内面2枚具爪，长近1厘米。蒴果椭圆形，长5～7毫米，2室，2片裂，有种子4粒。种子长2～3毫米，棕黄色。

适应能力强，在高温季节生长迅速，可攀爬于茶树上，密集覆盖茶树进而造成严重草害，割除或拔除后容易再生，防除困难。可作药用。

爵床科 Acanthaceae

爵床 *Rostellularia procumbens* (L.) Nees ★★

英文名：Creeping Rostellularia Herb

草本。茎基部匍匐，多分枝，通常有短硬毛，高20～50厘米。叶对生，椭圆形至椭圆状长圆形，表面有颗粒状钟乳体。穗状花序顶生或生于上部叶腋处，长1～3厘米，宽6～12毫米；花冠粉红色，二唇形。

常见于贵州低海拔地区茶园开阔处或茶园周边，在疏于管理之处可密集丛生，一般来说危害较轻。全草可入药。

番杏科 Aizoaceae

粟米草 *Mollugo stricta* L. ★

英文名：Strict Carpetweed

一年生铺散草本。茎纤细，多分枝，有棱角，无毛，老茎通常淡红褐色。叶对生或3～5枚假轮生，叶片披针形或线状披针形，全缘，中脉明显；叶柄短或近无。花极小，组成疏松的聚伞花序，花序梗细长，顶生或与叶对生；花被片5枚，淡绿色，长1.5～2毫米。

喜在潮湿土壤中生长，偶见于贵州低海拔地区茶园，危害轻。全草可供药用。

苋科 Amaranthaceae

牛膝 *Achyranthes bidentata* Blume ★★★

英文名：Ox Knee

茎有棱角或四方形，绿色或带紫色，分枝对生。叶片椭圆形或椭圆状披针形，少数倒披针形，顶端尾尖，基部楔形或宽楔形，两面有柔毛；叶柄有柔毛。穗状花序顶生及腋生，花期后反折；总花梗有白色柔毛；花多数，密生；苞片宽卵形，长2～3毫米，顶端长渐尖；花被片披针形，光亮，顶端急尖。胞果矩圆形，长2～2.5毫米，黄褐色，光滑。种子矩圆形，长1毫米，黄褐色。

常见于贵州各地茶园，有时发生量较大，可长于茶树行间或夹杂在茶树丛中，与茶树竞争空间、光照、养分和水分等资源，且不利于茶叶采收。全株可作药用。

茶园杂草彩色图谱

空心莲子草 *Alternanthera philoxeroides* (Mart.) Griseb. ★★★ ⑭

英文名：Alligator Weed

别称为喜旱莲子草、水花生、革命草。披散草本。茎基部匍匐，上部上升，管状，髓腔大，具分枝。叶片全缘，下面有颗粒状突起；叶柄长3～10毫米。花密生，呈具总花梗的头状花序，单生于叶腋，球形，直径8～15毫米；苞片及小苞片白色，顶端渐尖；花被片矩圆形，长5～6毫米，白色，光亮，无毛，顶端急尖。

原产于南美洲，常见于贵州海拔较低地区茶园，有时发生量较大，无性繁殖能力极强，人工防除后容易很快重发。可作饲用。

反枝苋 *Amaranthus retroflexus* **L.** ★★ 侵

英文名：Redroot Pigweed

直立草本。茎粗壮，淡绿色，有时具紫色条纹，密生短柔毛。叶片菱状卵形或椭圆状卵形，顶端锐尖或尖凹，有小凸尖，全缘或波状缘，两面及边缘有柔毛，下面毛较密；叶柄有柔毛。圆锥花序顶生及腋生，直立，由多数穗状花序组成，顶生花穗较侧生者长；苞片及小苞片钻形，长4～6毫米，白色，背面有一龙骨状突起，伸出顶端，呈白色尖芒。胞果扁卵形，包裹在宿存花被片内。

原产于美洲，喜湿、耐旱、适应性强，常见于贵州低海拔地区茶园，有时在疏于管理茶园可发生较为严重的草害，种子量大，宜在结实之前防除。

马钱科 Loganiaceae

醉鱼草 *Buddleja lindleyana* Fortune ★★

英文名：Lindley's Butterflybush

灌木，高1～3米。茎皮褐色；小枝具4棱，棱上略有窄翅；幼枝、叶片下面、叶柄、花序、苞片及小苞片均密被星状短茸毛和腺毛。叶对生，萌芽枝条上的叶为互生或近轮生，叶片膜质，卵形、椭圆形至长圆状披针形，边缘全缘或具有波状齿；叶柄长2～15毫米。穗状聚伞花序顶生；苞片线形；小苞片线状披针形；花紫色，芳香；花萼钟状，裂片宽三角形；花冠管弯曲，裂片阔卵形或近圆形。果序穗状；蒴果长圆状或椭圆状，无毛，有鳞片，基部常有宿存花萼。

偶见于贵州丘陵地带茶园周边或疏于管理的茶园，由于其为木本杂草，在茶园防除较为困难。全株有低毒，根、叶和花可作药用。

伞形科 Apiaceae

积雪草 *Centella asiatica* (L.) Urb. ★★

英文名：Centella

别称为马蹄草。茎匍匐，细长，节上生根。叶片圆形、肾形或马蹄形，长1 ~ 2.8厘米，边缘有钝锯齿，基部阔心形；掌状脉5 ~ 7条，两面隆起；基部叶鞘透明，膜质。伞形花序梗2 ~ 4个，聚生于叶腋；每一伞形花序有花3 ~ 4朵，聚集，呈头状；花紫红色或乳白色，膜质，长1.2 ~ 1.5毫米。果实两侧扁压，圆球形，基部心形至平截形，每侧有纵棱数条，棱间有明显的小横脉，网状，表面有毛或平滑。

喜湿、耐阴，在幼茶园或大龄茶园开阔处发生量较大，有时密集覆盖土表，铲除后易再发。全草可入药。

鸭儿芹 *Cryptotaenia japonica* Hassk. ★★

英文名：Japanese Honewort

茎直立，光滑，有分枝，表面有时略带淡紫色。基生叶或上部叶有柄，叶鞘边缘膜质；叶片轮廓三角形至广卵形，通常为3枚小叶；中间小叶片呈菱状倒卵形或心形，顶端短尖，基部楔形；两侧小叶片斜倒卵形至长卵形，近无柄；所有的小叶片边缘有不规则的尖锐重锯齿，表面绿色，背面淡绿色，两面叶脉隆起；最上部的茎生叶近无柄。复伞形花序呈圆锥状，花序梗不等长，总苞片1枚；伞辐2～3枚，不等长；小总苞片1～3枚；小伞形花序有花2～4朵；花瓣白色，倒卵形。分生果线状长圆形。

　　喜湿、耐阴，偶见于贵州山区茶园荫蔽处，危害轻。可作野菜食用，全草可入药。

野胡萝卜 *Daucus carota* L. ★★ 侵

英文名：Wild Carrot

直立草本，全体有白色粗硬毛。基生叶薄膜质，长圆形，2～3回羽状全裂，末回裂片顶端尖锐，有小尖头；茎生叶近无柄，有叶鞘，末回裂片小或细长。复伞形花序，花序梗有糙硬毛；总苞有多数苞片，呈叶状，常羽状分裂，裂片线形；伞辐多数，结果时外缘的伞辐向内弯曲；花通常白色，有时带淡红色。果实圆卵形，棱上有白色刺毛。

原产于欧洲，喜湿、耐旱，常见于贵州低海拔地区茶园周边，有时也在疏于管理茶园中干燥、空旷处大量发生。

天胡荽 *Hydrocotyle sibthorpioides* Lam. ★★★

英文名：Lawn Pennywort

草本。茎细长，平铺于地上，成片生长，节上生根。叶片膜质至草质，圆形或肾圆形，长0.5～1.5厘米，宽0.8～2.5厘米，基部心形，不分裂或5～7裂，表面光滑；托叶略呈半圆形，薄膜质，全缘或稍有浅裂。伞形花序与叶对生，单生于节上；花序梗纤细，长0.5～3.5厘米；小伞形花序有花5～18朵，花瓣绿白色，有腺点。

常见于贵州各地茶园，在茶园潮湿、开阔处常密集丛生。全草可入药。

小窃衣 *Torilis japonica* (Houtt.) DC. ★★

英文名：Japanese Hedgeparsley

别称为破子草。直立草本，全株有贴生短硬毛。茎单生，有向上的分枝，具纵条纹。叶卵形，1～2回羽状分裂，裂片边缘有整齐的缺刻或分裂。复伞形花序顶生或腋生，花序梗长3～25厘米，有倒生的刺毛；总苞片3～6枚，线形，长0.2～2厘米；伞辐4～12枚，长1～3厘米；小伞形花序有花7～12朵；小苞片5～8枚，线状或钻形；花柄细长；花瓣白色、紫色或蓝紫色。果实圆卵形，长1.5～4毫米。本种与窃衣形态相似，然而其伞辐较多，果实较小。

喜湿、耐阴，常见于贵州丘陵地区茶园周边或疏于管理的茶园。可作药用。

窃衣 *Torilis scabra* (Thunb.) DC. ★★

英文名：Rough Hedgeparsley

直立草本。全株贴生短硬毛。茎单生，有向上的分枝。叶卵形，1~2回羽状分裂，裂片边缘有整齐的缺刻或分裂。复伞形花序，通常无总苞片，很少有一钻形或线形的苞片；伞辐2~4枚，长1~5厘米，粗壮，有纵棱及向上紧贴的粗毛。果实长圆形，长4~7毫米。本种与小窃衣形态相似，可以通过花序、果实等部位特征区分。

喜湿、耐阴，常见于贵州丘陵地区茶园周边或疏于管理的茶园。可作药用。

五加科 Araliaceae

常春藤 *Hedera nepalensis* **K. Koch var.** *sinensis* **(Tobl.) Rehd.** ★★

英文名：Himalayan Ivy

常绿攀缘灌木。茎棕色，有气生根；一年生枝疏生锈色鳞片。叶片革质；在不育枝上通常为三角状卵形或三角状长圆形，稀三角形或箭形，先端短渐尖，边缘全缘或3裂；花枝上的叶片通常为椭圆状卵形至椭圆状披针形，全缘或1～3浅裂，上面深绿色，有光泽，下面淡绿色或淡黄绿色，无毛或疏生鳞片；叶柄细长，长2～9厘米，有鳞片，无托叶。伞形花序单个顶生，或2～7个排列成圆锥花序；总花梗通常有鳞片；花淡黄白色或淡绿白色，芳香；萼密生棕色鳞片；花瓣5枚，三角状卵形，外面有鳞片。果实球形，红色或黄色。

喜湿，在贵州各地常见，有时在茶园发生，攀爬茶树，并遮挡茶树的阳光，影响茶树生长和产茶。目前，在贵州茶园危害较轻，偶尔在疏于管理的茶园形成较重危害。全株可作药用。

菊科 Compositae

藿香蓟 *Ageratum conyzoides* L. ★ 侵

英文名：Billygoat-weed

别称为胜红蓟。草本，无明显主根。茎较粗壮，淡红色，或上部绿色，被白色短柔毛或上部被稠密开展的长茸毛。叶对生，有时上部互生；中部茎生叶卵形、椭圆形或长圆形，两面被白色稀疏的短柔毛且有黄色腺点，上部叶的叶柄或腋生幼枝及腋生枝上小叶的叶柄通常被白色稠密开展的长柔毛。头状花序4～18个在茎顶排成伞房状花序；花梗长；总苞碗形，宽5毫米；花冠淡紫色或白色。瘦果黑褐色，5棱，有白色稀疏细柔毛；冠毛膜片5或6个，长圆形，全部冠毛膜片长1.5～3毫米。

原产于热带美洲，偶见于贵州低海拔地区茶园开阔处。目前，在贵州茶园危害轻。

黄花蒿 *Artemisia annua* L. ★

英文名：Sweet Wormwood

植株有较浓的挥发性香气。茎直立单生，有纵棱，幼时绿色，多分枝。茎、叶两面及总苞片背面无毛或初时背面有极稀疏短柔毛。叶纸质，绿色；茎下部叶3～4回栉齿状羽状深裂，叶柄长1～2厘米，基部有半抱茎的假托叶；中部叶2～3回栉齿状羽状深裂；上部叶与苞片叶1～2回栉齿状羽状深裂。头状花序球形，多数，直径1.5～2.5毫米，有短梗，基部有线形小苞叶，在分枝上排成总状或复总状花序，并在茎上组成开展、尖塔形的圆锥花序。瘦果小，椭圆状卵形，略扁。

适应性强，常见于贵州低海拔地区茶园开阔之处，在茶园危害轻。可作药用。

野艾蒿 *Artemisia lavandulaefolia* DC. ★★★

英文名：Lavenderleaf Wormwood

草本，有时为半灌木状，植株有香气。根状茎稍粗，常匍地，有细而短的营养枝。茎具纵棱，分枝多，斜向上伸展；茎枝被灰白色蛛丝状短柔毛。叶纸质，上面绿色，具密集白色腺点及小凹点，初时疏被灰白色蛛丝状柔毛，后毛稀疏或近无毛，背面除中脉外均密被灰白色绵毛；基生叶与茎下部叶2回羽状裂，花期叶萎谢；中部叶2回羽状裂；上部叶羽状全裂。头状花序极多数，椭圆形或长圆形，具小苞叶，在分枝的上半部排成密穗状或复穗状花序，稀为开展的圆锥花序；雌花4～9朵，花冠狭管状，紫红色；两性花10～20朵，花冠管状，檐部紫红色。瘦果长卵形或倒卵形。

常见于贵州各地茶园，通常丛生，但不形成大片的单优势群落。可作药用。

钻叶紫菀 *Aster subulatus* Michx. ★★ 侵

英文名：Annual Salf-Marsh Aster

直立草本。茎无毛，有条棱，上部分枝，基部略带红色。基生叶倒披针形，花后凋落，中部叶线状披针形，无柄，主脉明显，侧脉不明显；上部叶线形。头状花序多生于枝顶，呈圆锥状，总苞钟形，无毛。舌状花舌片细狭，淡红色，管状花黄色。瘦果长圆形或椭圆形，长1.5～2.5毫米，冠毛淡褐色。

原产于北美洲，喜湿但耐干旱，有时发生于贵州低海拔地区茶园。目前，在贵州茶园危害较轻。

白花鬼针草 *Bidens alba* (L.) DC. ★★★ ⑱

英文名：Romerillo

直立草本。茎钝四棱形，基部直径可达6毫米。茎下部叶较小，3裂或不分裂；中部叶具柄，三出，小叶3枚，很少为具5（7）枚小叶的羽状复叶，小叶边缘有锯齿，顶生小叶较大，具长1～2厘米的柄；上部叶小，3裂或不分裂，条状披针形。头状花序直径8～9毫米，有花序梗；总苞基部被短柔毛，苞片7～8枚，条状匙形；头状花序边缘有5～7朵白色的舌状花。瘦果黑色，条形，具棱，顶端芒刺3～4枚，具倒刺毛。

在贵州低海拔、低纬度地区茶园较为常见，常在茶园周边和园内开阔处呈斑块状发生，在气温较高地区周年生长，与茶树幼苗和苔刈后茶树的竞争较大。

婆婆针 *Bidens bipinnata* L. ★★ ⑤

英文名：Spanish Needles

直立草本。茎下部略具4棱。叶对生，具柄，背面微凸或扁平，腹面具沟槽，槽内及边缘具疏柔毛，叶2回羽状分裂，小裂片三角状或菱状披针形，具1～2对缺刻或深裂，边缘有稀疏不规整的粗齿，两面均被疏柔毛。头状花序直径6～10毫米；总苞杯形，背面褐色，被短柔毛，具黄色边缘；舌状花通常1～3朵，不育，舌片黄色，椭圆形或倒卵状披针形，先端全缘或具2～3枚齿，盘花筒状，黄色，冠檐5齿裂。瘦果条形，略扁，具3～4棱，顶端芒刺3～4枚，很少2枚的，具倒刺毛。本种与白花鬼针草相似，然而其舌状花通常1～3朵，不育，舌片黄色。

原产于北美洲，喜湿，已侵入贵州低海拔地区茶园，在茶园中有时斑块状生于茶树丛中。全草可入药。

大狼杷草 *Bidens frondosa* **L.**　★ 侵

英文名：Devil's Beggarticks

直立草本。茎较为铺散，略呈四棱形，上部多分枝。叶对生，1回羽状复叶，小叶3 ～ 5枚，披针形至长圆状披针形，顶端尾尖，边缘有粗锯齿。头状花序单生于茎或枝顶端；总苞半球形，总苞片叶状，长1 ～ 2厘米，开展，边缘有纤毛；花序由两性管状花组成，管状花黄色，花柱2裂。瘦果楔形，扁平，顶端有2枚芒刺，长3 ～ 3.5毫米，芒刺上有倒刺毛。

原产于北美洲，适应性强，喜湿，偶见于贵州低海拔地区茶园潮湿处，危害相对较轻。

双子叶杂草

烟管头草 *Carpesium cernuum* L. ★

英文名：Drooping Carpesium

茎下部密被白色长柔毛及卷曲的短柔毛，在基部及叶腋尤密，常呈绵毛状，上部被疏柔毛，后渐脱落稀疏。基生叶于开花前凋萎，茎下部叶较大，具长柄，下部具狭翅，向叶基渐宽，叶片长椭圆形或匙状长椭圆形，基部长渐狭下延，上面绿色，被稍密的倒伏柔毛，下面淡绿色，被白色长柔毛，沿叶脉较密，在中肋及叶柄上常密集，呈茸毛状，两面均有腺点，边缘具稍不规整具胼胝尖的锯齿，中部叶椭圆形至长椭圆形，具短柄，上部叶渐小，近全缘。头状花序单生于茎端及枝端，开花时下垂；苞叶多枚，大小不等；总苞壳斗状；雌花狭筒状，两性花筒状，向上增宽。瘦果长4~4.5毫米。

偶见于贵州低海拔地区茶园，一般发生量较小，危害较轻。全草可入药。

野菊 *Dendranthema indicum* (L.) Des Moul. ★

英文名：Indian Dendranthema

多年生草本，高25～100厘米。根状茎粗厚，分枝，地下有长或短的匍匐茎。茎直立或铺散，茎枝被稀疏的毛。基生叶和下部叶花期脱落；中部茎生叶卵形、长卵形或椭圆状卵形，长3～7厘米，宽2～4厘米，羽状半裂；顶裂片大，侧裂片常2对，全部裂片边缘浅裂或有浅锯齿；上部叶渐小，全部叶上面有腺体及疏柔毛，下面灰绿色，毛较多。头状花序直径1.5～2.5厘米，多数在茎枝顶端排成疏松的伞房圆锥花序，或少数在茎顶排成伞房花序；总苞片约5层，外层卵形或卵状三角形，长2.5～3毫米，中层卵形，内层长椭圆形，长11毫米。全部苞片边缘白色或褐色宽膜质，顶端钝或圆。舌状花黄色，瘦果倒卵形，稍压扁，长1.5～1.8毫米，黑色，有光泽，无冠毛。花期6—11月。

在贵州较为常见，生于山坡、灌丛、田边及路旁等，在茶园发生量小，危害轻。可药用。

小飞蓬 *Conyza canadensis* (L.) Cronq. ★★★★★ 侵

英文名：Horseweed

别称有小蓬草、小白酒草。草本。茎直立，圆柱状，多少具棱，有条纹，被疏长硬毛，上部多分枝。叶密集，基部叶花期常枯萎，下部叶倒披针形，基部渐狭成柄，边缘具疏锯齿或全缘，中部和上部叶较小，近无柄或无柄，全缘或少有具1～2枚齿，两面或仅上面被疏短毛，边缘常被上弯的硬缘毛。头状花序多数，直径3～4毫米，排列成顶生多分枝的大圆锥花序；花序梗细，总苞近圆柱状，长2.5～4毫米；淡绿色；花托平，直径2～2.5毫米，具不明显的突起。瘦果线状披针形，被贴微毛；冠毛糙毛状。

原产于北美洲，广泛分布于各种干燥、开阔干扰生境下，种子量大且易随风扩散，常与同属苏门白酒草伴生，导致严重草害。可作药用。

苏门白酒草 *Conyza sumatrensis* (Retz.) Walker ★★★★★ 侵

英文名：Fleabane

直立草本。茎粗壮，具条棱，中部或中部以上有长分枝，被较密灰白色上弯糙短毛，杂有开展的疏柔毛。叶密集，基部叶花期凋落，下部叶倒披针形或披针形，边缘上部每边常有4～8枚粗齿，基部全缘；中部和上部叶渐小。头状花序多数，直径5～8毫米，在茎枝端排列成大而长的圆锥花序；花序梗长3～5（10）毫米；总苞片3层，灰绿色；雌花多层，为舌片花，淡黄色或淡紫色，极短细，丝状；两性花花冠淡黄色。瘦果线状披针形，长1.2～1.5毫米，扁压，被贴微毛；冠毛1层，初时白色，后变黄褐色。

原产于南美洲，广泛分布于各种干燥、开阔干扰生境下，种子量极大，常连年丛生，在贵州茶园危害重。

野茼蒿 *Crassocephalum crepidioides* (Benth.) S. Moore ★★★ 侵

英文名：Fireweed

直立草本。茎有纵条棱，常肉质略透明，无毛。叶膜质，边缘有不规则锯齿或重锯齿，或有时基部羽状裂。头状花序数个在茎端排成伞房状，总苞钟状，长1～1.2厘米，小花全部管状，两性，花冠红褐色或橙红色。瘦果狭圆柱形，赤红色，有肋，被毛；冠毛极多数，白色，绢毛状，易脱落。

原产于非洲，喜湿，常见于贵州各地茶园，在潮湿的幼茶园或苔刈后的茶园危害较重。可作食用、饲用或药用。

鱼眼草 *Dichrocephala auriculata* (Thunb.) Druce　★★

英文名：Auriculate Dichrocephala

直立或铺散草本。茎通常粗壮，被白色茸毛。茎中部叶大头羽裂，基部渐狭成具翅的长或短柄；自中部向上或向下的叶渐小，同形；基部叶通常不裂，常卵形。全部叶边缘通常具重粗锯齿或缺刻状，叶两面被稀疏的短柔毛；中、下部叶的叶腋通常有不发育的叶簇或小枝，叶簇或小枝被较密的茸毛。头状花序小，球形，直径3～5毫米，生于枝端，呈伞房状花序或伞房状圆锥花序；花序梗纤细；外围雌花多层，紫色；中央两性花黄绿色。瘦果压扁，倒披针形，边缘脉状加厚。

常见于贵州潮湿的山区茶园，全年均可开花结实，生长于茶园开阔处或茶园周边，通常不成为优势杂草。可作药用。

一点红 *Emilia sonchifolia* (L.) DC. ★

英文名：Lilac Tassel Flower

直立草本。茎有分枝，灰绿色。下部叶较密，琴状分裂或不分裂，长5～10厘米；顶生裂片大，顶端钝或近圆形，具不规则的齿；侧生裂片通常1对，上面深绿色，下面常变紫色，两面被短卷毛；中部茎生叶疏生，较小，无柄；基部叶箭状抱茎；上部叶少数，线形。头状花序在开花前下垂，花后直立，通常2～5朵，在枝端排列成疏伞房状；花序梗细，总苞圆柱形；小花粉红色或紫色，长约9毫米；瘦果圆柱形，长3～4毫米，具5棱，肋间被微毛；冠毛丰富，白色、细软。

偶见于贵州丘陵地带茶园周边，目前在贵州茶园危害较轻。全草可入药。

一年蓬 *Erigeron annuus* (L.) Pers. ★★★ 侵

英文名：Annual Fleabane

茎直立，绿色，被毛，上部有分枝。基部叶花期枯萎，通常长圆形或宽卵形，基部狭成具翅的长柄，边缘具粗齿；下部叶与基部叶同形，但叶柄较短，中部和上部叶较小；最上部叶线形；全部叶边缘被短硬毛。头状花序数个或多数，排列成疏圆锥花序，总苞片3层，披针形，背面被密腺毛和疏长节毛；外围的雌花舌状，2层，舌片平展，白色，或有时淡天蓝色，线形，顶端具2枚小齿；中央的两性花管状，黄色。瘦果披针形，长约1.2毫米，压扁；冠毛异形，雌花的冠毛极短，膜片状连成小冠，两性花的冠毛2层。该种与春飞蓬形态相似，植株下部被开展的长硬毛，上部被短硬毛；茎生叶不抱茎，舌状花少而宽，白色。

原产于美洲，在我国广泛分布，常见于贵州各地茶园，种子产量较大，在疏于管理的茶园可造成严重草害。可作药用。

春飞蓬 *Erigeron philadelphicus* L. ★ 侵

英文名：Philadelphia Fleabane

别称有春一年蓬、费城飞蓬。茎直立。叶互生，基生叶莲座状，卵形或卵状倒披针形，基部楔形下延成具翅长柄，两面被倒伏的硬毛，叶缘具粗齿，花期不枯萎，匙形，茎生叶半抱茎；中、上部叶披针形或条状线形，边缘有疏齿，被硬毛。头状花序数枚，排成伞房或圆锥状花序；总苞半球形，总苞片3层，淡绿色，边缘半透明，背面被毛；舌状花雌性，2层，平展，白色略带粉红色；管状花两性，黄色。瘦果披针形，长约1.5毫米，压扁。该种与一年蓬形态相似，植株密被开展长硬毛和短硬毛，茎生叶基部半抱茎，舌状花多而细，白色略带粉红色。

原产于美洲，偶见于贵州低海拔地区茶园，喜肥沃土壤和阳光充足之处。

紫茎泽兰 *Ageratina adenophora* (Spreng.) R. M. King et H. Rob. ★★ 侵

英文名：Mist-Flower

　　根状茎粗壮发达，茎直立，分枝对生，斜向上，茎紫色，被白色或锈色短柔毛。叶对生，叶片质薄，卵形、三角形或菱状卵形，表面绿色，背面色浅，两面被稀疏的短柔毛，背面及沿叶脉处毛稍密，基部平截或稍心形，顶端急尖，基出3条脉，边缘有稀疏粗大而不规则的锯齿，在花序下方则为波状浅锯齿或近全缘。头状花序小，在枝端排列成复伞房或伞房花序，总苞片3～4层，含40～50朵小花，管状花两性，白色。瘦果黑褐色。

　　原产于南美洲巴西，适应能力极强，常见于贵州丘陵或山区茶园，当前在贵州茶园危害较轻。

多须公 *Eupatorium chinense* L. ★★★

英文名：Hemp Agrimony

直立草本至半灌木状。全株多分枝，分枝斜升，茎上部分枝伞房状；全部茎枝被污白色短柔毛，花序分枝及花梗上的毛密集，茎枝下部花期全部脱毛、疏毛。叶对生；中部茎生叶常卵形、宽卵形，基部圆形，叶两面粗涩，被白色短柔毛及黄色腺点，下面及沿脉的毛较密；自中部向上及向下部的茎生叶渐小；茎基部叶花期枯萎；全部茎生叶边缘有规则的圆锯齿。头状花序多数在茎顶及枝端排成大型疏散的复伞房花序，总苞钟状，有5朵小花；总苞片3层，覆瓦状排列；花白色、粉色或红色；花冠长5毫米，外面被稀疏黄色腺点。瘦果淡黑褐色，椭圆状，长3毫米，有5棱，散布黄色腺点。

常见于贵州海拔较高地带茶园，机械割除后易从基部重新抽芽再生，种子量较大。全草有毒，以叶为甚，但可作药用。

牛膝菊 *Galinsoga parviflora* Cav. ★★ 侵

英文名：Smallflower Galinsoga

茎斜伸，全部茎枝被疏散或上部稠密的贴伏短柔毛和少量腺毛，茎基部和中部花期脱毛或稀毛。叶对生，卵形或长椭圆状卵形，有叶柄；向上及花序下部的叶渐小，通常披针形；全部茎生叶两面粗涩，被白色稀疏贴伏的短柔毛，沿脉和叶柄上的毛较密，边缘具浅或钝锯齿或波状浅锯齿，花序下部的叶有时全缘或近全缘。头状花序半球形，有长花梗，多数在茎枝顶端排成疏松的伞房花序；总苞片1～2层；舌状花4～5个，舌片白色，顶端3齿裂；管状花花冠长约1毫米，黄色，下部被稠密的白色短柔毛。瘦果长1～1.5毫米，被白色微毛。

原产于南美洲，生境适应性强，偶见于茶园周边开阔地带，危害相对较轻。全草可入药。

粗毛牛膝菊 *Galinsoga quadriradiata* Ruiz et Pav. ★★★ ⑱

英文名：shaggy soldier

别称为睫毛牛膝菊。茎斜升，密被展开的长柔毛，茎顶和花序轴被少量腺毛。叶对生，卵形或长椭圆状卵形；叶两面被长柔毛，边缘有粗锯齿或犬齿。头状花序半球形，花序梗的毛长约0.5毫米，多数在茎枝顶端排成疏松的伞房花序；总苞半球形或宽钟状，总苞片2层，外层苞片绿色，长椭圆形，背面密被腺毛；内层苞片近膜质；舌状花5朵，雌性，舌片白色，顶端3齿裂，筒部细管状，外面被稠密白色短毛；管状花黄色，两性，顶端5齿裂。瘦果黑色或黑褐色，常压扁，被白色微毛。本种与牛膝菊形态相似，然而牛膝菊茎（尤其是下部茎）被毛稀疏，并且花期脱落。

原产于南美洲，生境适应性强，多生于茶园周边开阔地带，在幼茶园危害相对较重。

日本路边青 *Geum japonicum* Thunb. ★★

英文名：Asian Herb Bennet

茎直立，被黄色短柔毛及粗硬毛。基生叶为大头羽状复叶，叶柄被粗硬毛及短柔毛，顶生小叶边缘有粗大圆钝或急尖锯齿，两面绿色，被稀疏糙伏毛；下部的茎生叶具3小叶，上部茎生叶单叶3浅裂；托叶绿色，边缘有不规则粗大锯齿。花序疏散，顶生数朵，花梗密被粗硬毛及短柔毛；萼片三角卵形，顶端渐尖，副萼片狭小，外面被短柔毛；花瓣黄色，几乎圆形；花柱顶生，在上部1/4处扭曲，成熟后自扭曲处脱落。聚合果卵球形或椭球形，瘦果被长硬毛，顶端有小钩。

喜湿，常见于贵州各山地茶园。目前，在贵州茶园危害较轻，全草可入药。

鼠麴草 *Gnaphalium affine* D. Don　　★★

英文名：Jersey Cudweed

草本。茎直立或基部发出的枝下部斜升，被白色厚绵毛。叶无柄，匙状倒披针形或倒卵状匙形，两面被白色绵毛，上面常较薄，叶脉1条，在下面不明显。头状花序直径2～3毫米，近无柄，在枝顶密集成伞房花序，花黄色至淡黄色；总苞钟形；总苞片2～3层，金黄色或柠檬黄色。瘦果倒卵形或倒卵状圆柱形；冠毛粗糙，污白色，易脱落，长约1.5毫米，基部连合成2束。

常见于贵州各地茶园，目前危害较轻，有时在较为干旱茶园开阔处发生量较大。全草可入药。

匙叶鼠麴草 *Gnaphalium pensylvanicum* **Willd.** ★

英文名：Wandering Cudweed

草本。茎直立或斜升，有沟纹，被白色绵毛。下部叶无柄，倒披针形或匙形，长6～10厘米，宽1～2厘米，全缘或微波状，上面被疏毛，下面密被灰白色绵毛；上部叶小。头状花序多数，长3～4毫米，宽约3毫米，数个成束簇生，再排列成顶生或腋生紧密的穗状花序；总苞卵形，污黄色或麦秆黄色。瘦果长圆形，有乳头状突起；冠毛绢毛状，污白色，易脱落，长约2.5毫米，基部连合成环。本种与鼠麴草的区别在于其茎基部不分枝，头状花序排列为穗状；而鼠麴草茎基部常有分枝，且头状花序在顶端排列成伞房花序。

偶见于贵州低海拔地区茶园，发生量通常较小，危害轻。

细叶苦荬 *Ixeris gracilis* Stebb. ★

英文名：Slenderleaf Ixeris

细弱草本。茎无毛。基生叶丛生，莲座状，叶片线状披针形，先端渐尖，基部下延成柄，全缘；茎生叶与基生叶形态相近，但较小，无叶柄。头状花序多数，排成伞房状，有细梗；总苞长5～7毫米；舌状花黄色，长7～9毫米，先端5齿裂。瘦果纺锤形，稍扁平，棕褐色，具条棱，有短喙。

偶见于贵州低海拔丘陵地带茶园，危害轻。全草可药用。

马兰 *Kalimeris indica* (L.) Sch. -Bip.　　　　　　　　　★★

英文名：Indian Aster

根状茎有匍匐枝，有时具直根。茎直立，有分枝，上部有短毛。基部叶在花期枯萎；茎部叶倒披针形或倒卵状矩圆形，边缘从中部以上具有钝齿或尖齿或羽状裂片，上部叶小，全缘，边缘及下面沿脉有短粗毛，中脉在下面凸起。头状花序单生于枝端并排列成疏伞房状。总苞半球形；总苞片2～3层，覆瓦状排列；边缘膜质，有缘毛。花托圆锥形。舌状花1层，15～20朵，舌片浅紫色；管状花长3.5毫米，被短密毛。瘦果倒卵状矩圆形，极扁，褐色，边缘浅色而有厚肋，上部被腺点及短柔毛。冠毛弱而易脱落。

在贵州各茶叶主产区均能见到，目前总体发生量不大。全草可入药。

毒莴苣 *Lactuca serriola* L. ★ 侵

英文名：Prickly Lettuce

别称有刺莴苣、指向莴苣。粗壮草本，全株有乳汁。茎直立，有分枝，基部有稀疏的皮刺。叶互生，叶面常扭曲至近竖直；中、下部叶狭倒卵形至长圆形，叶缘常羽状裂，无柄，基部箭形抱茎；顶生叶卵状披针形或披针形，全缘或具疏齿。头状花序多数，于茎顶排列成疏松圆锥花序；总苞3层；头状花序由7～15(35)朵舌状花组成，花冠淡黄色，干后变蓝紫色。瘦果倒卵形，灰褐色，无光泽；长3～4毫米，两侧扁平，瘦果顶端锐尖，呈一细长的喙，喙芒状，顶端膨大成一圆形的羽毛盘，上生冠毛，冠毛白色，易脱落。

原产于地中海地区。偶见于贵州茶园，目前危害较轻。毒莴苣种子产量较高，并能随风传播扩散，因此，茶园发现毒莴苣应及时铲除。

翅果菊 *Pterocypsela indica* (L.) Shih ★★★

英文名：Indian Lettuce

直立草本。茎单生，上部圆锥状或总状圆锥状分枝，全部茎枝无毛。全部茎生叶线形，中部茎生叶长达21厘米或过之，基部楔形渐狭，无柄，两面无毛。头状花序果期卵球形，多数沿茎枝顶端排成圆锥花序或总状圆锥花序；总苞片4层；舌状小花25枚，黄色或白色。瘦果椭圆形，黑色，压扁，边缘有宽翅，顶端尖，具喙；冠毛2层，白色。

喜湿但较耐旱，在贵州分布广泛，常见于各地茶园，植株常高于茶树，但一般不形成密集种群。

缺裂千里光 *Senecio scandens* Buch.-Ham. ex D. Don var. *incisus* Franch ★★★

攀缘草本。茎伸长，弯曲，多分枝，老时变木质。叶具柄，叶片卵状披针形至长三角形，顶端渐尖，基部形态多变；叶片羽状浅裂，具大的顶生裂片，基部常有1～6枚小侧裂片，两面被短柔毛至无毛；上部叶变小，披针形或线状披针形，长渐尖。头状花序有舌状花多数，在茎枝端排列成顶生复聚伞圆锥花序；分枝和花序梗被密至疏短柔毛；总苞片线状披针形。舌状花8～10朵，舌片黄色，长圆形，具3枚细齿；管状花多数；花冠黄色。瘦果圆柱形，长3毫米，被柔毛；冠毛白色。

常见于贵州各地茶园，攀爬茶树上部，有时危害较重。

豨莶 *Siegesbeckia orientalis* L. ★

英文名：St. Paulswort

直立草本。茎分枝斜升，上部的分枝常呈复二歧状；全部分枝被灰白色短柔毛。叶三角状卵圆形或卵状披针形，基部阔楔形，下延成具翼的柄，顶端渐尖，边缘有规则的浅裂或粗齿，纸质，上面绿色，下面淡绿，具腺点，两面被毛，基出3条脉；上部叶渐小，边缘浅波状或全缘，近无柄。头状花序多数聚生于枝端，排列成具叶的圆锥花序；花梗密生短柔毛；总苞阔钟状；外层托片长圆形，内弯，内层托片倒卵状长圆形；花黄色。瘦果倒卵圆形，有4棱，顶端有灰褐色环状突起。

喜湿、耐阴，偶见于贵州低海拔地区茶园，通常危害较轻。全草可供药用。

一枝黄花 *Solidago decurrens* Lour. ★★

英文名：Common Goldenrod

茎直立，单生或少数簇生，不分枝或中部以上有分枝。中部茎生叶椭圆形、长椭圆形、卵形或宽披针形，下部楔形渐窄，有具翅的柄，仅中部以上边缘有细齿或全缘；向上叶渐小；下部叶与中部叶同形，有长2～4厘米或更长的具翅的柄；全部叶质地较厚，叶两面、沿脉及叶缘有短柔毛或下面无毛。头状花序多数在茎上部排列成紧密或疏松的总状花序或伞房圆锥花序。总苞片4～6层，披针形或狭披针形；舌状花舌片椭圆形，长6毫米。瘦果长3毫米。

常见于贵州潮湿的山区茶园，长于茶树丛中，与茶树激烈竞争光照、水分、养分和空间。全草可入药。

花叶滇苦菜 *Sonchus asper* (L.) Hill   ★★★ 侵

英文名：Sharp-fringed Sow Thistle，Prickly Sow Thistle

别称为断续菊。直立草本。茎有纵纹或纵棱，光滑无毛。叶缘有较硬的尖齿刺，两面光滑无毛，中、下部茎生叶长椭圆形、倒卵形、匙状或匙状椭圆形，有渐狭的翼柄，基部耳状抱茎；上部茎生叶披针形，不裂，基部扩大，圆耳状抱茎。头状花序在茎枝顶端排成伞房花序；总苞宽钟状，总苞片3～4层；舌状小花黄色。瘦果倒披针状，褐色，长3毫米，压扁，两面各有3条细纵肋，冠毛白色。本种与同属苦苣菜相似，然而其叶缘尖齿较硬而扎手，茎生叶基部叶耳常呈圆形，瘦果肋间不具横纹等特征可以与之区分。

原产于欧洲，在贵州各茶叶主产区均能见到，目前总体发生量不大，有时在开阔的幼茶园危害较重。

苦苣菜 *Sonchus oleraceus* L. ★★ 侵

英文名：Common Sowthistle

茎直立，单生，有纵条棱或条纹，全部茎枝光滑无毛。基生叶羽状深裂、大头羽状深裂或不裂，基部渐狭成翼柄；中、上部茎生叶羽状深裂或大头羽状深裂，叶柄基部圆耳状抱茎；叶及裂片边缘及抱茎小耳边缘有大小不等的急尖锯齿或大锯齿。头状花序少数在茎枝顶端排成紧密的伞房花序、总状花序或单生于茎枝顶端。总苞宽钟状，总苞片3～4层。舌状小花多数，黄色。瘦果褐色，长椭圆形或长椭圆状倒披针形，长3毫米，压扁，无喙，冠毛白色，长7毫米。本种与同属的花叶滇苦菜非常相似，然而其叶缘的尖齿相对较软（不扎手），茎生叶基部叶耳略呈戟形，瘦果肋间具有横纹等特征可以区分。

原产于欧洲，在贵州各茶叶主产区均能见到，目前总体发生量不大，有时在开阔的幼茶园危害较重。全草可入药。

蒲公英 *Taraxacum mongolicum* Hand.-Mazz. ★★

英文名：Dandelion

根圆柱状，粗壮。叶披针形，边缘有时具波状齿或羽状深裂，有时倒向羽状深裂或大头羽状深裂，基部渐狭成叶柄；叶柄及主脉常带红紫色，疏被蛛丝状白色柔毛或几乎无毛。花葶1至数个，与叶等长或稍长，上部紫红色，密被蛛丝状白色长柔毛；头状花序直径3～4厘米；总苞钟状，淡绿色；舌状花黄色。瘦果倒卵状披针形，暗褐色，上部具小刺，下部具成行排列的小瘤，顶端有喙，喙长6～10毫米，纤细；冠毛白色，长约6毫米。

常见于茶园周边开阔地带，危害相对较轻。全草可入药。

苍耳 *Xanthium sibiricum* Patrin ex Widder ★★

英文名：Siberian Cocklebur

直立草本。茎上部有纵沟，被灰白色糙伏毛。叶三角状卵形或心形，近全缘，或有3 ～ 5不明显浅裂，顶端尖或钝，基部稍心形或截形，基出脉3条，叶上面绿色，下面苍白色，被糙伏毛。雌雄同株，花单性，雄性的头状花序球形，有多数雄花，花冠钟形；雌性的头状花序椭圆形，总苞绿色，淡黄绿色或有时带红褐色，在瘦果成熟时变坚硬，外面疏生具钩的刺，刺极细而直。瘦果2枚，倒卵形。

常见于贵州低海拔地区茶园周边和茶园中开阔处，目前危害相对较轻。种子可榨油，果实可供药用。

黄鹌菜 *Youngia japonica* (L.) DC.　　★★

英文名：Japanese Hawkweed

直立草本，高10～100厘米。茎单生或少数茎簇生，粗壮或细，顶端伞房花序状分枝或下部有长分枝，下部被稀疏的皱波状长或短毛。基生叶倒披针形、椭圆形、长椭圆形或宽线形，大头羽状深裂或全裂，极少有不裂的，裂片边缘有锯齿或几乎全缘。头状花序含10～20朵舌状小花，少数或多数在茎枝顶端排成伞房花序，花序梗细；总苞圆柱状；舌状小花黄色，花冠管外面有短柔毛。瘦果纺锤形，压扁，褐色或红褐色，长1.5～2毫米，冠毛糙毛状。

喜湿、耐阴，在贵州各地茶园较为常见，有时在茶园开阔处密集丛生，种子量大，在封行荫蔽的茶园发生较轻。

落葵科 Basellaceae

落葵薯 *Anredera cordifolia* (Tenore) Steenis ★★

英文名：Madeira vine

别称为心叶落葵薯。草质缠绕藤本。根状茎粗壮。叶具短柄，叶片卵形至近圆形，长2～6厘米，顶端急尖，基部圆形或心形，稍肉质，腋生小块茎（珠芽）。总状花序具多花，花序轴纤细，下垂，长7～25厘米；苞片狭，不超过花梗长度，宿存；花梗长2～3毫米；花直径约5毫米；花被片白色，渐变黑，开花时张开；雄蕊白色；花柱白色，3裂。

原产于南美洲热带地区，栽培逸生为杂草，见于贵州低海拔地区茶园，有时密集攀爬于茶树之上进而形成严重的草害，在贵州茶园发生危害较轻。全草可药用。

桔梗科 Campanulaceae

江南山梗菜 *Lobelia davidii* Franch. ★★★

茎直立，幼枝有隆起的条纹，无毛或有极短的倒糙毛，或密被柔毛。叶螺旋状排列，下部的早落；叶片卵状椭圆形至长披针形，大的长可达17厘米，宽达7厘米，先端渐尖，基部渐狭成柄；叶柄两边有翅，向基部变窄。总状花序顶生；苞片卵状披针形至披针形，比花长；花梗长3～5毫米，有极短的毛和很小的小苞片1～2枚；花萼筒倒卵状，基部浑圆，被极短的柔毛，裂片条状披针形，边缘有小齿；花冠紫红色或红紫色，近二唇形；雄蕊在基部以上连合成筒。蒴果球状，直径6～10毫米，底部常背向花序轴，无毛或有微毛。种子黄褐色，稍压扁，椭圆状。

常见于贵州山区茶园，可生于茶树行间，与茶树激烈竞争各种资源，并且不利于茶叶采收。

铜锤玉带草 *Pratia nummularia* (Lam.) A. Br. et Aschers. ★★

英文名：Creeping Jenny

有白色乳汁。茎平卧，被开展的柔毛，不分枝或在基部有长或短的分枝，节上生根。叶互生，心形或卵形，先端钝圆或急尖，基部斜心形，边缘有齿，两面疏生短柔毛；叶柄生开展短柔毛。花单生于叶腋；花梗无毛；花萼筒坛状，无毛，裂片条状披针形，伸直，每边生 2～3 枚小齿；花冠紫红色、淡紫色、绿色或黄白色，花冠筒外面无毛，内面生柔毛，檐部二唇形，裂片 5 枚，上唇 2 枚裂片条状披针形，下唇裂片披针形；雄蕊在花丝中部以上连合。果为浆果，紫红色，椭圆状球形，长 1～1.3 厘米。种子多数，近圆球状，稍压扁，表面有小疣突。

贵州低海拔地区茶园常见杂草，喜湿、耐阴，一般危害较轻。全草可供药用。

石竹科 Caryophyllaceae

狗筋蔓 *Cucubalus baccifer* L. ★★★

英文名：Berry-bearing Catchfly

全株被逆向短绵毛。茎铺散，俯仰，多分枝。叶片卵形、卵状披针形或长椭圆形，基部渐狭，呈柄状，顶端急尖，边缘具短缘毛，两面沿脉被毛。圆锥花序疏松；花梗细，具1对叶状苞片；花萼宽钟形，后期膨大呈半圆球形，萼齿卵状三角形，果期反折；花瓣白色，倒披针形，爪狭长，瓣片叉状浅2裂；副花冠片不明显，微呈乳头状。蒴果圆球形，呈浆果状，直径6～8毫米，成熟时薄壳质，黑色，具光泽，不规则开裂；种子圆肾形，肥厚，黑色，平滑，有光泽。

常见于贵州山地或丘陵地带茶园，攀爬于茶树之上，可造成严重危害。全草可入药。

荷莲豆草 *Drymaria diandra* Blume ★★

英文名：Whitesnow

铺散草本。茎匍匐，丛生，纤细，无毛，基部分枝，节常生不定根。叶片卵状心形，长1～1.5厘米，顶端凸尖，具3～5条基出脉；叶柄短，托叶数枚，刚毛状。聚伞花序顶生；花梗细弱，短于花萼，被白色腺毛；萼片披针状卵形，草质，边缘膜质，被腺柔毛；花瓣白色，倒卵状楔形，长约2.5毫米，稍短于萼片，顶端2深裂；雄蕊稍短于萼片。

喜湿、耐阴，在贵州山地茶园潮湿处常见，有时密集生于茶园行间，对茶园危害总体较轻。全草可入药。

牛繁缕 *Myosoton aquaticum* (L.) Moench ★★★

英文名：Giant Chickweed

别称为鹅肠菜。茎上升，多分枝，上部被腺毛。叶片卵形或宽卵形，长2.5～5.5厘米，顶端急尖，基部稍心形，有时边缘具毛；叶柄长5～15毫米，上部叶常无柄或具短柄，疏生柔毛。顶生二歧聚伞花序；苞片叶状，边缘具腺毛；花梗细，长1～2厘米，花后伸长并向下弯，密被腺毛；萼片卵状披针形或长卵形，顶端较钝，边缘狭膜质，外面被腺柔毛，脉纹不明显；花瓣白色，2深裂至基部；雄蕊10枚，稍短于花瓣；子房长圆形，花柱短，线形，5裂。蒴果卵圆形，稍长于宿存萼。

喜湿、耐旱，适应能力强，常见于贵州各地茶园，攀爬于茶树之上，发生量较繁缕轻。全草可入药。

石生蝇子草 *Silene tatarinowii* Regel ★

全株被短柔毛。茎上升或俯仰，分枝稀疏，有时基部节上生不定根。叶片披针形或卵状披针形，长2～5厘米，基部宽楔形或渐狭，呈柄状，顶端长渐尖，两面被稀疏短柔毛，边缘具短缘毛，具1或3条基出脉。二歧聚伞花序疏松，大型；花梗细，被短柔毛；苞片披针形，草质；花萼筒状棒形，纵脉绿色，稀紫色，萼齿三角形，边缘膜质，具短缘毛；花瓣白色，瓣片倒卵形，2浅裂，两侧中部具1线形小裂片或细齿；雄蕊明显外露，花丝无毛；花柱明显外露。蒴果卵形或狭卵形，长6～8毫米，比宿存萼短；种子肾形，长约1毫米。

偶见于贵州山地茶园，在疏于管理的山地茶园有时发生量较大，目前在贵州茶园危害较轻。

繁缕 *Stellaria media* (L.) Cyr. ★★★★

英文名：Chickweed

铺散草本。茎俯仰或上升，基部分枝，常带淡紫红色，被1 (2) 列毛。叶片宽卵形或卵形，长1.5～2.5厘米，宽1～1.5厘米，顶端渐尖或急尖，基部渐狭或近心形，全缘；基生叶具长柄，上部叶常无柄或具短柄。疏聚伞花序顶生；花梗细弱，具1列短毛，花后伸长，下垂；萼片5枚，卵状披针形，外面被短腺毛；花瓣白色，长椭圆形，比萼片短，2深裂达基部，裂片近线形；雄蕊3～5枚，短于花瓣；花柱3裂，线形。蒴果卵形，具多数种子；种子卵圆形至近圆形，稍扁，红褐色。

常见于贵州各地茶园，尤其在周年潮湿幼茶园可大量发生，密集覆盖茶树，严重危害茶树生长；在大龄茶树园也可密集攀爬茶树基部和行间，与茶树竞争养分。全草可入药。

箐姑草 *Stellaria vestita* **Kurz** ★★★★★

　　全株被星状毛。茎疏丛生，铺散或俯仰，下部分枝，上部密被星状毛。叶片卵形或椭圆形，长1～3.5厘米，全缘，两面均被星状毛，下面中脉明显。聚伞花序疏散，具长花序梗，密被星状毛；苞片草质，卵状披针形，边缘膜质；花梗细，长短不等，密被星状毛；萼片5枚，披针形，顶端急尖，边缘膜质，外面被星状柔毛，显灰绿色；花瓣5枚，2深裂近基部，短于萼片或近等长；裂片线形；雄蕊10枚，与花瓣短或近等长；花柱3裂，稀为4裂。蒴果卵形。种子多数，肾形，细扁。

　　常见于贵州山地茶园，常密集攀爬于茶树之上，造成严重危害。全草可供药用。

藜科 Chenopodiaceae

藜 *Chenopodium album* L.　　　　★★

英文名：Lamb's Quarters

直立草本，高20～50厘米。茎具条棱及绿色色条。叶片卵状矩圆形，通常3浅裂；中裂片边缘具深波状锯齿；侧裂片位于中部以下，通常各具2枚浅裂齿。花两性，数个团集，排列于上部的枝上，形成较开展的顶生圆锥状花序；花被近球形，5深裂，裂片不开展，背面有密粉；雄蕊5枚，开花时外伸；柱头2裂，丝形。胞果包在花被内。

常见于贵州茶园，尤其是在旱地改种的茶园较为常见。幼苗可作蔬菜食用，茎叶可饲用，全株可入药。

旋花科 Convolvulaceae

打碗花 *Calystegia hederacea* Wall. ex Roxb. ★★★

英文名：Ivy Glorybind

攀缘藤本。全株无毛，具细长的白根。茎细，平卧，有细棱，常自基部分枝。基部叶长圆形，顶端圆，基部戟形，上部叶片3裂；中裂片长圆形或长圆状披针形，侧裂片近三角形，全缘或2～3裂，叶片基部心形或戟形。花腋生，1朵，花梗长于叶柄，有细棱；苞片宽卵形；萼片长圆形，顶端钝，具小短尖头；花冠淡紫色或淡红色，钟状，长2～4厘米；雄蕊近等长，花丝基部扩大，贴生花冠管基部；子房无毛，柱头2裂。蒴果卵球形，长约1厘米。种子黑褐色，长4～5毫米，表面有小疣。

常见于贵州各地茶园，有时攀爬茶树，密集遮挡茶树阳光，进而在茶园造成严重草害。根可药用。

飞蛾藤 *Dinetus racemosus* (Roxb.) Buch.-Ham. ex Sweet ★★★★★

英文名：Snowcreeper

攀缘灌木。茎缠绕，草质，幼时被黄色硬毛，后具小瘤或无毛。叶卵形，先端渐尖或尾状，具钝或锐尖的尖头，基部深心形；两面极疏被紧贴柔毛，背面稍密；掌状脉基出，7～9条；叶柄被疏柔毛至无毛。圆锥花序腋生，苞片叶状，无柄或具短柄，抱茎，小苞片钻形；花柄较萼片长；萼片线状披针形，通常被柔毛，果时增大；花冠漏斗形，长约1厘米，白色，管部带黄色，无毛，5裂至中部，裂片开展，长圆形；子房无毛，花柱1枚，2裂。蒴果卵形，长7～8毫米。种子1粒，卵形，长约6毫米，暗褐色或黑色，平滑。

常见于贵州各地茶园，特别是石灰岩山地茶园，可密集覆盖茶树，严重危害茶树生长。全草可入药。

三裂叶薯 *Ipomoea triloba* L. ★★★ 侵

英文名：Littlebell

草质藤本。茎缠绕或有时平卧。叶宽卵形至圆形，全缘或有粗齿或深3裂，基部心形；叶柄长2.5～6厘米。花序腋生，花序梗无毛，明显有棱角，1朵花或数朵花呈伞形聚伞花序；苞片小，披针状长圆形；萼片长5～8毫米，具小短尖头；花冠漏斗状，长约1.5厘米，淡红色或淡紫红色；雄蕊内藏，花丝基部及子房有毛。蒴果近球形，被细刚毛，2室，4瓣裂。

原产于美洲热带地区，适应力强，生于丘陵路旁、荒地以及林地等，在贵州低海拔地区茶园较为常见，有时发生量较大。

牵牛 *Ipomoea nil* (L.) Choisy　★★★ 侵

英文名：Picotee Morning Glory

　　草质藤本。全株被粗硬毛，茎多分枝。叶互生，具柄，被毛，叶片宽卵圆形，常3裂，基部心形。花序有花1～3朵，总花梗略短于叶柄；萼片5枚，披针形，基部密被开展的粗硬毛，不向外反曲；花冠漏斗状，白色，蓝紫色或紫红色；顶端5浅裂，花冠管色淡。蒴果近球形，种子5～6粒，卵圆形或卵状三棱形，黑褐色或米黄色。

　　原产于美洲热带地区，常见于贵州低海拔地区茶园，可密集攀爬于茶树上，形成较重的草害。种子可入药。

圆叶牵牛 *Ipomoea purpurea* (L.) Roth ★★★ 侵

英文名：Common Morning Glory

缠绕草本，全株被毛。茎上被倒向的短柔毛杂有倒向或开展的长硬毛。叶圆心形或宽卵状心形，基部圆心形，顶端尖，通常全缘，偶有3裂，两面疏或密被刚伏毛。花腋生，单一或2～5朵着生于花序梗顶端，呈伞形聚伞花序，花序梗比叶柄短或近等长；苞片线形，被开展的长硬毛；花梗被倒向短柔毛及长硬毛；萼片5枚；花冠漏斗状，紫红色、红色或白色，花冠管通常白色；雄蕊与花柱内藏。蒴果近球形，3瓣裂。种子卵状三棱形。

原产于美洲热带地区，常见于贵州低海拔地区茶园，可密集攀爬于茶树上，形成较严重的草害。种子可入药。

双子叶杂草

十字花科 Cruciferae

荠 *Capsella bursa-pastoris* (L.) Medikus　　　★★

英文名：Shepherd's-purse

直立草本。单一或从下部分枝。基生叶丛生呈莲座状，大头羽状分裂，长可达12厘米，宽可达2.5厘米，不裂至全缘；茎生叶基部箭形，抱茎，边缘有缺刻或锯齿。总状花序顶生及腋生，花瓣白色，卵形。短角果倒三角形或倒心状三角形，扁平，无毛，顶端微凹，裂瓣具网脉。

喜湿、耐旱，常见于贵州海拔较低地区茶园空旷处或茶园周边，目前在茶园危害较轻。可作蔬菜食用，全草可入药。

碎米荠 *Cardamine hirsuta* L. ★★

英文名：Hairy Bittercress

一年生小草本。茎直立或斜升，下部有时淡紫色，被较密柔毛，上部毛渐少。基生叶具叶柄，有小叶2～5对；顶生小叶肾形或肾圆形，边缘有3～5枚圆齿，小叶柄明显；侧生小叶较顶生的小；茎生叶具短柄，有小叶3～6对；全部小叶两面稍有毛。总状花序生于枝顶，花小，直径约3毫米，花梗纤细；萼片绿色或淡紫色，边缘膜质，外面有疏毛；花瓣白色，倒卵形；雌蕊柱状，花柱极短，柱头扁球形。长角果线形，稍扁，无毛。种子椭圆形，宽约1毫米。

常见于贵州低海拔地区茶园，可作为野菜食用，也可作药用，通常发生量较小，危害轻。

蔊菜 *Rorippa indica* (L.) Hiern ★★

英文名：Variableleaf Yellowcress

别称为印度蔊菜。直立草本。茎表面具纵沟。叶互生，基生叶及茎下部叶具长柄，叶形多变化，通常大头羽状分裂，卵状披针形，边缘具不整齐牙齿，侧裂片 1～5 对；茎上部叶片宽披针形或匙形，边缘具疏齿。总状花序顶生或侧生，花小，多数，具细花梗；萼片 4 枚，花瓣 4 枚，黄色，匙形，与萼片近等长。长角果线状圆柱形，短而粗，种子每室 2 行。

常疏生于贵州低海拔地区茶园，一般危害较轻。全草可入药。

葫芦科 Cucurbitaceae

马㼎儿 *Zehneria indica* **(Lour.) Keraudren** ★

英文名：Indian Melothria

草质藤本，细弱。卷须不分叉，丝状。叶柄长1～3厘米，叶片形状多变，三角形、三角状卵形或心形，长2～6厘米，宽4～8厘米，先端渐尖或稀短渐尖，基部戟形，不分裂或3～5裂，具不规则锯齿或稀近全缘。雌雄同株；雄花单生或几朵簇生于叶腋，稀呈具2～3朵花的总状花序；花萼宽钟形，萼齿5枚；花冠5裂，淡黄色或白色；雄蕊3枚，分离；雌花在与雄花同一叶腋内单生或稀双生，子房纺锤形，柱头3裂。果实狭卵状或椭圆状，长1～1.5厘米，成熟后橘红色或红色。种子灰白色，卵形，扁而平滑，边缘不明显。花期4—7月，果期7—10月。

在贵州较为常见，常生于水沟旁、山沟灌丛中以及农田、园地、水边；在茶园较常见，若不及时除去则影响茶树采光，对茶树有一定影响。全草可入药。

薯蓣科 Dioscoreaceae

日本薯蓣 *Dioscorea japonica* Thunb. ★★★

英文名：East Asian Mountain Yam

缠绕草质藤本。块茎长圆柱形，垂直生长。茎绿色，右旋。单叶，在茎下部的互生，中部以上的对生；叶形变化大，通常为三角状，有时茎上部的为线状披针形至披针形，下部的为宽卵心形，顶端长渐尖至锐尖，基部心形至箭形或戟形，有时近截形或圆形，全缘，两面无毛；有叶柄。叶腋内有各种大小形状不等的珠芽。雌雄异株；雄花序为穗状花序，近直立，生于叶腋；雄花绿白色或淡黄色，花被片有紫色斑纹，外轮为宽卵形；雌花序为穗状花序，1～3个着生于叶腋，花被片为卵形或宽卵形。蒴果不反折，三棱状扁圆形或三棱状圆形。种子着生于每室中轴中部，四周有膜质翅。

块茎为山药，可食用、药用。常见于贵州低海拔丘陵地带茶园，有时在山区茶园发生量较大。

薯蓣 *Dioscorea opposita* **Thunb.** ★★★

英文名：Chinese Yam

　　缠绕草质藤本。块茎长圆柱形，垂直生长。茎通常带紫红色，右旋，无毛。单叶，在茎下部的互生，中部以上的对生；叶形变化大，卵状三角形至宽卵形或戟形，顶端渐尖，基部深心形、宽心形或近截形，边缘常3浅裂至3深裂；叶腋内常有珠芽。雌雄异株；雄花序为穗状花序，偶呈圆锥状排列；花序轴明显呈"之"字状曲折；苞片和花被片有紫褐色斑点；雄花的外轮花被片为宽卵形，内轮卵形；雌花序为穗状花序，1～3个着生于叶腋。蒴果不反折，三棱状扁圆形或三棱状圆形，外面有白粉。种子着生于每室中轴中部，四周有膜质翅。

　　块茎为淮山药，能食用、药用。常见于贵州低海拔丘陵地带茶园，有时攀爬茶树造成较严重的危害。

大戟科 Euphorbiaceae

千根草 *Euphorbia thymifolia* L. ★

英文名：Chickenweed

茎纤细，常呈匍匐状，自基部极多分枝，被稀疏柔毛。叶对生，椭圆形、长圆形或倒卵形，先端圆，基部偏斜，不对称，呈圆形或近心形，边缘有细锯齿，稀全缘，两面常被稀疏柔毛，稀无毛；叶柄极短，托叶披针形或线形，易脱落。花序单生或数个簇生于叶腋，具短柄，被稀疏柔毛；总苞狭钟状至陀螺状，外部被稀疏的短柔毛，边缘5裂，裂片卵形；腺体4个，被白色附属物；雄花少数，微伸出总苞边缘；雌花1朵，子房柄极短；子房被贴伏的短柔毛；花柱3枚，分离；柱头2裂。蒴果卵状三棱形。

偶见于贵州低海拔地区茶园，危害较轻。全草可入药。

牻牛儿苗科 Geraniaceae

老鹳草 *Geranium wilfordii* Maxim.   ★★

英文名：Herba Erodii

根状茎直生，粗壮，具簇生纤维状细长须根。茎直立，单生，具棱槽，假二叉状分枝，被倒向短柔毛，有时上部混生开展腺毛。叶对生；托叶卵状三角形或上部为狭披针形，基生叶和茎下部叶具长柄，被倒向短柔毛，茎上部叶柄渐短或近无柄；基生叶片圆肾形，5深裂，茎生叶3裂。花序腋生和顶生，稍长于叶，总花梗上具2花；苞片钻形；萼片长卵形或卵状椭圆形，先端具细尖头，背面沿脉和边缘被短柔毛，有时混生开展的腺毛；花瓣白色或淡红色，倒卵形，与萼片近等长。蒴果长约2厘米，被短柔毛和长糙毛。

常见于贵州海拔较低的山区茶园，有时在茶园开阔处和茶园周边发生量较大。全草可入药。

藤黄科 Guttiferae

金丝梅 *Hypericum patulum* Thunb. ex Murray　　★

英文名：Goldencup St. Johnswort

丛生灌木，具开张的枝条。茎淡红色至橙色，幼时具4纵线棱或四棱形；皮层灰褐色。叶具短柄；叶片披针形至卵形，先端常具小尖突，基部狭或宽楔形至短渐狭，坚纸质，上面绿色，下面较为苍白，叶片腺体短线形和点状。花序具1～15朵花，自茎顶端第一至第二节生出，伞房状；苞片狭椭圆形至狭长圆形，凋落；花直径2.5～4厘米；花蕾宽卵珠形；萼片离生，在花蕾及果时直立，膜质，常带淡红色；花瓣金黄色，多少内弯，长圆状倒卵形至宽倒卵形，有1行近边缘生的腺点，有侧生的小尖突；雄蕊5束，每束有雄蕊50～70枚，花药亮黄色。蒴果宽卵珠形，种子深褐色。

偶见于贵州低海拔地区茶园，喜湿、耐阴，一般危害较轻。根可作药用。

唇形科 Lamiaceae

风轮菜 *Clinopodium chinense* (Benth.) O. Ktze. ★★

英文名：Chinense Clinopodium

　　茎基部匍匐生根，上部上升，多分枝，四棱形，具细条纹，密被短柔毛及微柔腺毛。叶卵圆形，不偏斜，先端急尖或钝，基部圆阔楔形，边缘具大小均匀的圆齿状锯齿，坚纸质，上面绿色，密被平伏短硬毛，下面灰白色，被疏柔毛，脉上尤密；叶柄腹凹背凸，密被疏柔毛。轮伞花序多花密集，半球状，下部的直径较大；苞叶叶状，向上渐小，被柔毛状缘毛及微柔毛；花萼狭管状，常染紫红色；花冠紫红色，冠筒伸出，向上渐扩大，冠檐二唇形，上唇直伸，先端微缺，下唇3裂，中裂片稍大。小坚果倒卵形，黄褐色。

　　常见于贵州各地茶园，尤其在茶园周边及茶园中开阔处有时发生量较大。

双子叶杂草

第一章　茶园杂草识别　　　　　　　　　　　　　　109

细风轮菜 *Clinopodium gracile* (Benth.) Matsum. ★★

英文名：Slender Wild Basil

别称为瘦风轮菜。纤细草本。茎多数，自匍匐茎生出，柔弱，上升，四棱形，具槽，被倒向的短柔毛。单叶对生，边缘具疏齿；最下部的叶较小，卵圆形，叶下面较淡，脉上被疏短硬毛，叶柄腹凹背凸，基部常染紫红色，密被短柔毛。轮伞花序分离，或密集于茎端呈短总状花序，花较稀疏；苞片针状，远短于花梗；花梗长被微柔毛。花冠白色至紫红色，外面被微柔毛，内面在喉部被微柔毛。

喜湿、耐阴，常见于贵州茶园潮湿、荫蔽处，有时在茶园周边或茶园中开阔处密集丛生。

益母草 *Leonurus japonicus* **Houttuyn** ★★★

英文名：Oriental Motherwort，Chinese Motherwort

直立草本。茎通常高30～120厘米，钝四棱形，微具槽，有倒向糙伏毛，在节及棱上尤为密集。叶轮廓变化很大；茎下部叶轮廓为卵形，掌状3裂，裂片上再分裂，上面绿色，有糙伏毛，叶脉稍下陷，下面淡绿色，被疏柔毛及腺点，叶脉突出，叶柄纤细，叶基下延而在上部略具翅，腹面具槽，背面圆形，被糙伏毛；茎中部叶轮廓为菱形，较小，通常分裂。花序最上部的苞叶近于无柄，线形或线状披针形，全缘或具稀齿；轮伞花序腋生，具8～15朵花，轮廓为圆球形，组成长穗状花序；小苞片刺状，无花梗；花萼管状钟形，先端刺尖；花冠粉红色至淡紫红色。

适生于潮湿、肥沃的空旷生境，适应性较强，常见于贵州各地茶园周边或茶园中开阔处，有时发生量较大。

豆科 Leguminosae

含羞草决明 *Cassia mimosoides* L. ★

英文名：Japanese Tea，Chamaecrista

别称为山扁豆。亚灌木状草本，多分枝。枝条纤细，被微柔毛。羽状复叶，小叶 20 ～ 50 对，线状镰形，顶端短急尖，两侧不对称，中脉靠近叶的上缘，干时呈红褐色；托叶线状锥形，有明显肋条，宿存。花序腋生，1 朵或数朵聚生，总花梗顶端有 2 枚小苞片；萼顶端急尖，外被疏柔毛；花瓣黄色，不等大，具短柄，略长于萼片。荚果镰形，扁平，果柄长 1.5 ～ 2 厘米。种子 10 ～ 16 粒。

原产于美洲热带地区，偶见于贵州低海拔地区茶园，耐旱又耐瘠。可作为绿肥植物，根可作药用。目前，在贵州茶园危害较轻。

鸡眼草 *Kummerowia striata* (Thunb.) Schindl. ★★

英文名：Japanese Clover

披散或平卧草本。茎多分枝，茎和枝上被倒生的白色细毛。叶为3出羽状复叶；托叶大，膜质，卵状长圆形，有缘毛；叶柄极短；小叶纸质，先端圆形，稀微缺，基部近圆形或宽楔形，全缘；两面沿中脉及边缘有白色粗毛；侧脉多而密，平行排列整齐。花小，单生或2～3朵簇生于叶腋；花梗下端具2枚大小不等的苞片；花萼钟状，带紫色，5裂，裂片宽卵形，具网状脉，外面及边缘具白毛；花冠粉红色或紫色。荚果圆形或倒卵形，稍侧扁。

偶见于贵州低海拔地区较为干旱的茶园，在幼茶园可成片密集丛生。

葛 *Pueraria lobata* (Willd.) Ohwi ★★★

英文名：Kudzu

粗壮藤本。全体被黄色长硬毛，茎基部木质，有粗厚的块状根。羽状复叶具3枚小叶；托叶背着；小托叶线状披针形；小叶3裂，偶尔全缘，顶生小叶宽卵形或斜卵形，侧生小叶斜卵形，稍小，上面被淡黄色平伏的疏柔毛，下面较密；小叶柄被黄褐色茸毛。总状花序长15～30厘米，中部以上有颇密集的花；花冠长10～12毫米，紫色。荚果长椭圆形，扁平，被褐色长硬毛。

在贵州丘陵地带茶园常见，高温季节生长迅速，常密集覆盖茶树进而造成严重草害，人工防除后易再发。

鹿藿 *Rhynchosia volubilis* **Lour.** ★★

英文名：Doubleform Snoutbean

缠绕草质藤本。全株各部被灰色至淡黄色柔毛。茎略具棱。叶为羽状或有时近指状，具3枚小叶；托叶小，披针形，被短柔毛；小叶纸质，顶生小叶菱形或倒卵状菱形，先端常有小凸尖，基部圆形或阔楔形，两面均被灰色或淡黄色柔毛，下面尤密，并被黄褐色腺点；基出脉3条；小叶柄长2～4毫米，侧生小叶较小，常偏斜。总状花序1～3个腋生；花萼钟状，外面被短柔毛及腺点；花冠黄色；子房被毛及密集的小腺点。荚果长圆形。种子通常2粒，椭圆形或近肾形，黑色，光亮。

根和叶可药用。见于贵州丘陵地区茶园，有时发生量较大，攀爬茶树造成较严重的草害。

广布野豌豆 *Vicia cracca* L.　　★

英文名：Tufted Vetch

根细长，多分枝。茎攀缘或蔓生，有棱，被柔毛。偶数羽状复叶，叶轴顶端卷须有2～3个分叉；托叶半箭头形或戟形，上部2深裂；小叶5～12对互生，线形、长圆形或披针状线形，全缘。总状花序与叶轴近等长，花多数，10～40朵密集生于总花序轴上部；花萼钟状，萼齿5枚，近三角状披针形；花冠紫色、蓝紫色或紫红色；旗瓣长圆形，中部缢缩，呈提琴形，先端微缺；翼瓣与旗瓣近等长，明显长于龙骨瓣，先端钝；子房有柄，胚珠4～7枚。荚果长圆形或长圆菱形，先端有喙。种子3～6粒，扁圆球形，黑褐色。

喜旱、耐阴，常见于贵州低海拔地区较为干旱的茶园，危害较轻。可作为水土保持植物，嫩时为牲畜喜食的饲料，早春花期为蜜源植物。

四籽野豌豆 *Vicia tetrasperma* (L.) Schreber ★★

英文名：Sparrow Vetch

一年生缠绕草本。茎纤细柔软有棱，多分枝，被微柔毛。偶数羽状复叶，顶端为卷须，托叶箭头形或半三角形；小叶2～6对，长圆形或线形，先端圆，具短尖头，基部楔形。总状花序，花1～2朵着生于花序轴先端；花萼斜钟状，萼齿圆三角形；花冠淡蓝色或带蓝、紫白色，旗瓣长圆状倒卵形，翼瓣与龙骨瓣近等长；子房长圆形，有柄，胚珠4枚，花柱上部四周被毛。荚果长圆形，表皮棕黄色，近革质，具网纹。种子4粒，扁圆形，褐色。

偶见于贵州低海拔地区较为干旱的茶园，密集缠绕于茶树上可导致严重草害，当前在贵州茶园危害较轻。嫩时为牲畜喜食的饲料，全草可入药。

双子叶杂草

锦葵科 Malvaceae

梵天花 *Urena procumbens* L.　　　　★★

英文名：Procumbent Indian Mallow

　　小灌木。枝平铺，小枝被星状茸毛。下部叶轮廓为掌状，3～5深裂，裂口深达中部以下，圆形而狭，裂片菱形或倒卵形，基部圆形至近心形，具锯齿，两面均被星状短硬毛，叶柄被茸毛；托叶钻形，长约1.5毫米，早落。花单生或近簇生，花梗长2～3毫米；小苞片长约7毫米，疏被星状毛；萼短于小苞片或近等长，卵形，尖头，被星状毛；花冠淡红色，花瓣长10～15毫米；雄蕊柱无毛，与花瓣等长。果球形，具刺和长硬毛，刺端有倒钩。

　　见于贵州丘陵地带茶园，在疏于管理之处有时发生量较大，茎秆较硬，人工防除困难。

野牡丹科 Melastomataceae

野牡丹 *Melastoma candidum* D. Don ★★

英文名：Asian Melastome

灌木，分枝多。茎钝四棱形或近圆柱形，密被紧贴的鳞片状糙伏毛。叶片坚纸质，卵形或广卵形，顶端急尖，基部浅心形或近圆形，全缘，两面被糙伏毛及短柔毛，背面基出脉隆起，被鳞片状糙伏毛，侧脉隆起，密被长柔毛；叶柄密被鳞片状糙伏毛。伞房花序生于分枝顶端，近头状，有花3～5朵，稀单生，基部具叶状总苞2枚；苞片、花梗、花萼密被鳞片状糙伏毛；花瓣红色或粉红色，倒卵形，长3～4厘米，顶端圆形，密被缘毛。蒴果坛状球形，与宿存萼贴生，密被鳞片状糙伏毛；种子镶于肉质胎座内。

常见于贵州山区茶园，目前在贵州地区茶园危害较轻。根、叶可供药用。

地菍 *Melastoma dodecandrum* Lour. ★★★

别称为地稔、铺地锦、地红花。小灌木。茎匍匐上升，逐节生根，分枝多，披散，幼时被糙伏毛。叶片卵形或椭圆形，顶端急尖，基部广楔形，全缘或密具浅细锯齿，侧脉互相平行；叶柄被糙伏毛。聚伞花序，顶生，有花3(1)朵，基部有叶状总苞2枚，通常较叶小；花梗长2～10毫米，被糙伏毛，上部具苞片2枚；苞片卵形，具缘毛，背面被糙伏毛；花萼被糙伏毛；花瓣淡紫红色至紫红色，菱状倒卵形，顶端有1束刺毛，被疏缘毛；雄蕊长者药隔基部延伸，弯曲，末端具2小瘤。果坛状球形，平截。

常见于贵州丘陵地带茶园，喜酸性土壤，在疏于管理的茶园开阔地带可形成密集种群，防治困难，机械割除后易复发。果可食，全株可药用。

桑科 Moraceae

构树 *Broussonetia papyrifera* (L.) L' Hér. ex Vent. ★★

英文名：Paper Mulberry

别称为楮。乔木。小枝密生柔毛。叶螺旋状排列，广卵形至长椭圆状卵形，长6～18厘米，先端渐尖，基部心形，两侧常不等，边缘具粗锯齿，不分裂或3～5裂，幼树之叶常有明显分裂，表面粗糙，疏生糙毛，背面密被茸毛；叶柄长2.5～8厘米，密被糙毛；托叶卵形，长1.5～2厘米。

常见于贵州低海拔地区茶园，目前在贵州茶园中发生量较小。根、皮可作药用。

酢浆草科 Oxalidaceae

酢浆草 *Oxalis corniculata* L.　　　　　★★★★

英文名：Creeping Woodsorrel

草本，全株被柔毛。茎细弱，多分枝，匍匐或斜升，茎节上生根。3出复叶，基生或茎上互生；小叶3枚，长5～10毫米，无柄，倒心形，先端凹入，基部宽楔形，两面被柔毛或表面无毛，沿脉被毛较密，边缘具贴伏缘毛，托叶小。花单生或数朵集为伞形花序，腋生，花瓣5枚，黄色，长圆状倒卵形。蒴果长圆柱形，长1～2.5厘米，5棱。种子长卵形，褐色或红棕色。

常见于贵州各地茶园，有时在茶园周边或茶园行间可成片密集丛生，攀爬茶树之上，形成严重草害。全草可入药。

红花酢浆草 *Oxalis corymbosa* DC. ★ 侵

英文名：Violet Woodsorrel

别称为铜锤草。草本。无地上茎，地下部分有球状鳞茎。叶基生；叶柄长，被毛；小叶3枚，扁圆状倒心形，顶端凹入，两侧角圆形，基部宽楔形，表面绿色，被毛或近无毛；背面浅绿色，有毛，通常两面或有时仅边缘有干后呈棕黑色的小腺体；托叶长圆形，顶部狭尖，与叶柄基部合生。总花梗基生，二歧聚伞花序，通常排列成伞形花序式，总花梗被毛；花梗、苞片、萼片均被毛；每花梗有披针形干膜质苞片2枚；萼片5枚；花瓣5枚，倒心形，为萼长的2～4倍，淡紫色至紫红色，基部颜色较深；雄蕊10枚；子房5室，花柱5裂。本种与酢浆草相似，然其小叶通常明显较大（长2～3.5厘米）。

原产于热带美洲，喜湿、耐旱、耐阴，偶见于贵州低海拔地区茶园周边，目前在贵州茶园危害轻。全草可入药。

商陆科 Phytolaccaceae

商陆 *Phytolacca acinosa* Roxb. ★★

英文名: Pokeweed

草本，全株无毛。根肥大，肉质，倒圆锥形。茎直立，圆柱形，有纵沟，肉质，绿色或红紫色，多分枝。叶片薄纸质，椭圆形、长椭圆形或披针状椭圆形，长10～30厘米，顶端急尖或渐尖，基部楔形，两面散生细小白色斑点（针晶体），背面中脉凸起；叶柄粗壮，上面有槽，下面半圆形，基部稍扁宽。总状花序顶生或与叶对生，圆柱状，直立，通常比叶短，密生多花；花梗基部的苞片线形，小苞片线状披针形，均膜质；花梗细，基部变粗；花被片5枚，白色、黄绿色；心皮通常为8枚，有时少至5枚或多至10枚，分离。果序直立；浆果扁球形，熟时黑色。种子肾形，黑色，长约3毫米，具3棱。本种与美洲商陆形态相似，可以通过花序和心皮特征区分。

常见于贵州山区茶园，在疏于管理的茶园有时发生量较大，目前危害相对较轻。可作药用。

美洲商陆 *Phytolacca americana* L.　★★★★★ 侵

英文名：American Pokeweed

　　别称为垂序商陆。直立草本，根和茎都粗壮，肉质。茎圆柱形，无毛，常为紫红色。叶卵状长圆形至长圆状披针形，长10～30厘米，先端短尖，基部楔形。总状花序5～20厘米，下垂，花白色，花被5枚，雄蕊10枚，心皮10枚合生。浆果扁球形，红紫色，种子肾形，黑色。

　　原产于北美洲，适应能力强，种子量大，且种子容易通过鸟类食用果实后随排泄物进行分散传播，在茶园开阔处可密集丛生。

车前草科 Plantaginaceae

车前 *Plantago asiatica* L. ★

英文名：Chinese Plantain

　　草本。须根多数，根状茎短，稍粗。叶基生，呈莲座状，平卧、斜展或直立；叶片薄纸质或纸质，宽卵形至宽椭圆形，长4～12厘米，宽2.5～6.5厘米，先端钝圆至急尖，边缘波状、全缘或中部以下有锯齿、牙齿或裂齿，基部宽楔形或近圆形，多少下延，两面疏生短柔毛；脉5～7条；叶柄基部扩大成鞘，疏生短柔毛。花序3～10个，直立或弓曲上升；花序梗长5～30厘米，有纵条纹，疏生白色短柔毛；穗状花序细圆柱状，下部常间断；花具短梗；花萼长2～3毫米；花冠白色，无毛；雄蕊着生于冠筒内面近基部，与花柱明显外伸，花药白色，干后变淡褐色。蒴果长3～4.5毫米。

　　喜湿、耐阴，偶见于贵州低海拔地区茶园周边，在贵州茶园危害轻。

蓼科 Polygonaceae

卷茎蓼 *Fallopia convolvulus* (L.) Love　　　★★★

英文名：Convolvulate Knotweed

别称为荞麦蔓。茎缠绕，具纵棱，自基部分枝。叶卵形或心形，长2～6厘米，顶端渐尖，基部心形，两面无毛，下面沿叶脉具小突起，边缘全缘，具小突起；叶柄长1.5～5厘米，沿棱具小突起；托叶鞘膜质，长3～4毫米，偏斜，无缘毛。花序总状，腋生或顶生，花稀疏，下部间断，有时形成花簇，生于叶腋；苞片长卵形，顶端尖；花梗细弱，比苞片长，中、上部具关节；花被5深裂，淡绿色，边缘白色，花被片长椭圆形，外面3枚背部具龙骨状突起或狭翅；瘦果椭圆形。

常见于贵州各地茶园，喜湿、耐阴，有时发生量较大，在茶园人工防除后易再发。

何首乌 *Fallopia multiflora* (Thunb.) Harald. ★★★★★

英文名：Tuber Fleeceflower

块根肥厚，长椭圆形，黑褐色。茎缠绕，多分枝，具纵棱，无毛，下部木质化。叶卵形或长卵形，全缘，顶端渐尖，基部心形或近心形；叶柄长1.5～3厘米；托叶鞘膜质，偏斜，无毛，长3～5毫米。花序圆锥状，顶生或腋生，分枝开展，具细纵棱，沿棱密被小突起；苞片三角状卵形，每苞内具2～4花；花梗细弱，下部具关节；花被5深裂，白色或淡绿色，花被片椭圆形，大小不等。瘦果卵形，具3棱，长2.5～3毫米，黑褐色，有光泽，包于宿存花被内。

在贵州茶园常见，在高温季节常大量滋生，攀爬于茶树上，甚至密集覆盖茶树，进而造成严重草害。为常用的药用植物。

双子叶杂草

头花蓼 *Polygonum capitatum* Buch.-Ham. ex D. Don ★★

英文名：Pinkhead Smartweed

茎匍匐，丛生，基部木质化，节部生根，节间比叶片短，多分枝，一年生枝近直立，具纵棱，疏生腺毛。叶卵形或椭圆形，顶端尖，基部楔形，全缘，边缘具腺毛，两面疏生腺毛，上面有时具黑褐色新月形斑点；叶柄基部有时具叶耳；托叶鞘筒状，膜质，松散，具腺毛，顶端截形，有缘毛。花序头状，直径6～10毫米，单生或成对，顶生；花序梗具腺毛；苞片长卵形，膜质；小花梗极短；花被5深裂，淡红色。瘦果长卵形，具3棱，黑褐色，密生小点。

全草可入药。常见于贵州海拔较高地区茶园，目前在茶园危害相对较轻。

水蓼 *Polygonum hydropiper* L.　　　　　★★★★

英文名：Marshpepper Knotweed

茎直立，多分枝，无毛，节部膨大。叶披针形或椭圆状披针形，顶端渐尖，基部楔形，边缘全缘，具缘毛，被褐色小点，具辛辣味，叶腋具闭花受精花；叶柄长4～8毫米；托叶鞘筒状，膜质，褐色，长1～1.5厘米，疏生短硬伏毛，顶端截形，具短缘毛，通常托叶鞘内藏有花簇。总状花序呈穗状，顶生或腋生，通常下垂，花稀疏，下部间断；苞片漏斗状，绿色，边缘膜质，疏生短缘毛；花被绿色，上部白色或淡红色，被黄褐色透明腺点。瘦果卵形，长2～3毫米，双凸镜状或具3棱，密被小点，黑褐色，无光泽，包于宿存花被内。

喜湿，常见于贵州各地茶园，在湿度大的茶园常密集丛生，甚至覆盖茶树丛，进而导致严重草害，防除十分困难。全草可入药。

酸模叶蓼 *Polygonum lapathifolium* L. ★★

英文名：Curlytop Knotweed

茎直立，具分枝，无毛，节部膨大。叶披针形或宽披针形，顶端渐尖或急尖，基部楔形，上面绿色，常有1个大的黑褐色新月形斑点，两面沿中脉被短硬伏毛，全缘，边缘具粗缘毛；叶柄短，具短硬伏毛；托叶鞘筒状，长1.5～3厘米，膜质，淡褐色，无毛，具多数脉，顶端截形，无缘毛，稀具短缘毛。总状花序呈穗状，顶生或腋生，近直立，花紧密，通常由数个花穗再组成圆锥状，花序梗被腺体；苞片漏斗状，边缘具稀疏短缘毛；花被淡红色或白色。瘦果宽卵形，双凹，长2～3毫米，黑褐色，有光泽，包于宿存花被内。

常见于贵州各地茶园开阔处，目前在贵州茶园危害较轻。

尼泊尔蓼 *Polygonum nepalense* Meisn. ★★

英文名：Nepal Persicaria

　　茎外倾或斜上，自基部多分枝，无毛或在节部疏生腺毛。茎下部叶卵形或三角状卵形，顶端急尖，基部宽楔形，沿叶柄下延成翅，两面无毛或疏被刺毛，疏生黄色透明腺点，茎上部叶较小；叶柄抱茎；托叶鞘筒状，长5～10毫米，膜质，淡褐色，顶端斜截形，无缘毛，基部具刺毛。花序头状，顶生或腋生，基部常具1枚叶状总苞片，花序梗细长，上部具腺毛；苞片卵状椭圆形，通常无毛，边缘膜质，每苞内具1朵花；花梗比苞片短；花被通常4裂，淡紫红色或白色。瘦果宽卵形，双凸镜状。

　　喜湿、耐阴，常见于贵州各地茶园潮湿处，目前在茶园危害相对较轻，有时在茶园潮湿、开阔处密集丛生。

杠板归 *Polygonum perfoliatum* L. ★★★★

英文名：Devil's Tail

茎攀缘，多分枝，具稀疏的倒生皮刺。叶三角形，薄纸质，下面沿叶脉疏生皮刺；叶柄与叶片近等长，具倒生皮刺，盾状着生于叶片的近基部；托叶鞘叶状，草质，绿色，圆形或近圆形，穿叶。总状花序呈短穗状，不分枝，顶生或腋生；花被片椭圆形，长约3毫米，果时增大，肉质，深蓝色。瘦果球形，黑色，有光泽。

常见于贵州低海拔地区茶园，在茶园大量发生可密集覆盖于茶树上，造成严重草害。

虎杖 *Reynoutria japonica* Houtt. ★

英文名：Asian Knotweed

根状茎粗壮，横走。茎直立，高1～2米，粗壮，空心，具明显的纵棱，具小突起，无毛，散生红色或紫红色斑点。叶宽卵形或卵状椭圆形，近革质，顶端渐尖，边缘全缘，疏生小突起，两面无毛，沿叶脉具小突起；叶柄具小突起；托叶鞘膜质，偏斜，褐色，具纵脉，无毛，顶端截形，无缘毛，常破裂，早落。花单性，雌雄异株，花序圆锥状，腋生；苞片漏斗状，无缘毛，每苞内具2～4朵花；花梗长2～4毫米，中、下部具关节；花被5深裂，淡绿色；雌花花被片外面3枚，背部具翅，花柱3枚，柱头流苏状。瘦果卵形，具3棱，黑褐色，包于宿存花被内。

偶见于贵州茶园开阔处或茶园周边的潮湿、肥沃处，当前危害较轻。根状茎可作药用。

羊蹄 *Rumex japonicus* Houtt. ★

英文名：Japanese Dock

茎直立，上部分枝，具沟槽。基生叶长圆形或披针状长圆形，长8～25厘米，顶端急尖，基部圆形或心形，边缘微波状，下面沿叶脉具小突起；茎上部叶狭长圆形；托叶鞘膜质，易破裂。花序圆锥状，花两性，多花轮生；花梗细长、中、下部具关节；花被片6枚，淡绿色，外花被片椭圆形，内花被片果时增大，宽心形，顶端渐尖，基部心形，网脉明显，边缘具不整齐的小齿，全部具小瘤。瘦果宽卵形，具3锐棱，两端尖，暗褐色，有光泽。

偶见于贵州各地茶园周边荒地、路边等人工干扰生境，目前在茶园危害较轻。根可入药。

马齿苋科 Portulacaceae

马齿苋 *Portulaca oleracea* L. ★

英文名：Common Purslane

肉质草本，全株无毛。茎平卧或斜倚，伏地铺散，多分枝，圆柱形。单叶互生，有时近对生，叶片扁平，肥厚，倒卵形，马齿状，基部楔形，全缘，上面暗绿色，下面淡绿色或带暗红色。花无梗，直径4～5毫米，常3～5朵簇生于枝端；花瓣黄色，倒卵形，长3～5毫米，基部合生，花药黄色。蒴果卵球形，盖裂。种子细小，黑褐色，有光泽。

喜肥沃土壤，耐旱亦耐涝，生命力强，常见于贵州低海拔茶园高温季节的干旱处，目前危害较轻。可作蔬菜食用和药用。

土人参 *Talinum paniculatum* (Jacq.) Gaertn.　★ 侵

英文名：Fameflower

肉质草本，全株无毛。主根粗壮，圆锥形，皮黑褐色，断面乳白色。茎直立，基部近木质，分枝。叶片稍肉质，倒卵形或倒卵状长椭圆形，顶端急尖，有时微凹，具短尖头，基部狭楔形，全缘。圆锥花序顶生或腋生，较大，常二叉状分枝，具长花序梗；花小，直径约6毫米；花瓣粉红色或淡紫红色。蒴果近球形，直径约4毫米，3瓣裂。

原产于热带美洲，适应性强，喜温、喜湿，耐干旱、贫瘠，偶见于贵州低海拔地区茶园，危害轻。

报春花科 Primulaceae
过路黄 *Lysimachia christinae* Hance ★★

英文名：Christina Loosestrife

　　茎柔弱，平卧延伸，长20～60厘米，幼嫩部分密被褐色无柄腺体，下部节间较短，常发出不定根，中部节间较长。叶对生，卵圆形、近圆形以至肾圆形，先端锐尖或圆钝以至圆形，基部截形至浅心形，鲜时稍厚，透光可见密布的透明腺条，干时腺条变黑色，两面无毛或密被糙伏毛。花单生于叶腋；花梗长1～5厘米，通常不超过叶长，毛被如茎，多少具褐色无柄腺体；花萼分裂近达基部；花冠黄色，长7～15毫米，基部合生部分长2～4毫米，裂片质地稍厚，具黑色长腺条；花丝下半部合生成筒。蒴果球形，直径4～5毫米，无毛，有稀疏黑色腺条。

　　喜湿、耐阴，常见于贵州山地、丘陵茶园，有时密铺于茶园行间，总体危害较轻。

双子叶杂草

毛茛科 Ranunculaceae

禺毛茛 *Ranunculus cantoniensis* DC.   ★

英文名：Canton Buttercup

直立草本。茎上部多分枝，与叶柄均密生开展的黄白色糙毛。叶为3出复叶，基生叶和下部叶有长达15厘米的叶柄；小叶2～3中裂，边缘密生锯齿或牙齿，两面贴生糙毛；小叶柄长1～2厘米，侧生小叶柄较短，生开展糙毛，基部有膜质耳状宽鞘；上部叶渐小，3全裂。花序有较多花，疏生；花梗长2～5厘米，与萼片均生糙毛。聚合果近球形，直径约1厘米；瘦果扁平，无毛，边缘有宽约0.3毫米的棱翼。

喜湿，生于贵州茶园沟边等潮湿处，危害轻。全草含原白头翁素，可作药用。

蔷薇科 Rosaceae

龙芽草 *Agrimonia pilosa* **Ldb.** ★

英文名：Hairy Agrimony

别称为仙鹤草。茎直立，被疏柔毛及短柔毛，稀下部被稀疏长硬毛。叶为间断奇数羽状复叶，通常有小叶3～4对，稀2对，向上减少至3枚小叶，叶柄被稀疏柔毛或短柔毛；小叶片无柄或有短柄，边缘有急尖至圆钝锯齿，上面被疏柔毛，下面通常脉上伏生疏柔毛；托叶草质，绿色。花序穗状总状顶生，花序轴被柔毛，花梗被柔毛；苞片通常3深裂，小苞片对生，卵形；花直径6～9毫米；萼片5枚，三角状卵形；花瓣黄色，长圆形。果实倒卵圆锥形，被疏柔毛，顶端有数层钩刺。

偶见于贵州各地茶园中或茶园周边潮湿处，目前在茶园危害较轻。全草可入药。

蛇莓 *Duchesnea indica* (Andr.) Focke ★★

英文名：Mock Strawberry

根状茎短，粗壮。匍匐茎多数，有柔毛。小叶片倒卵形至菱状长圆形，先端圆钝，边缘有钝锯齿，两面皆有柔毛，或上面无毛，具小叶柄；叶柄有柔毛；托叶窄卵形至宽披针形，长5～8毫米。花单生于叶腋；花梗有柔毛；萼片卵形，外面有散生柔毛；花瓣倒卵形，长5～10毫米，黄色，先端圆钝；雄蕊20～30枚；心皮多数，离生；花托在果期膨大，海绵质，鲜红色，有光泽，直径10～20毫米，外面有长柔毛。瘦果卵形，鲜时有光泽。

常见于贵州丘陵地带茶园，在茶园周边或茶树行间有时密集铺于土表。全草可作药用。

缫丝花 *Rosa roxburghii* Tratt. ★★

英文名：Chestnut Rose

攀缘开展灌木。树皮灰褐色，成片状剥落；小枝圆柱形，斜向上升，有基部稍扁而成对的皮刺。小叶9～15枚，小叶片椭圆形或长圆形，稀倒卵形，先端急尖或圆钝，基部宽楔形，边缘有细锐锯齿，两面无毛，叶轴和叶柄有散生小皮刺；托叶大部贴生于叶柄，边缘有腺毛。花单生或2～3朵，生于短枝顶端；小苞片2～3枚，卵形，边缘有腺毛；萼片通常宽卵形，先

端渐尖，有羽状裂片，内面密被茸毛，外面密被针刺；花瓣重瓣至半重瓣，淡红色或粉红色，微香。果扁球形，直径3～4厘米，绿红色，外面密生针刺；萼片宿存，直立。

偶见于贵州丘陵地带茶园，一般发生量较低，但在疏于管理的茶园可造成严重危害，难以防除。果实可食，根可入药。

寒莓 *Rubus buergeri* Miq. ★★

直立或匍匐小灌木。茎常伏地生根，长出新株；枝密被茸毛状长柔毛，无刺或具稀疏小皮刺。单叶，卵形至近圆形，基部心形，上面微具柔毛或仅沿叶脉具柔毛，下面密被茸毛，下面茸毛常脱落，边缘5～7浅裂，裂片圆钝，有不整齐锐锯齿；叶柄长4～9厘米，密被茸毛状长柔毛，无刺或疏生针刺；托叶离生，早落，具柔毛。花呈短总状花序，总花梗和花梗密被茸毛状长柔毛，无刺或疏生针刺；苞片与托叶相似，较小；花直径0.6～1厘米；花萼外密被淡黄色茸毛状长柔毛；花瓣倒卵形，白色，几乎与萼片等长。果实近球形，直径6～10毫米，紫黑色，无毛。

喜湿、耐阴，常见于贵州丘陵地带茶园，常密生于茶园周边，在茶园中通常发生量较小。果可食用，根可入药。

插田泡 *Rubus coreanus* Miq. ★★★★

英文名：Black Raspberry

灌木，枝粗壮，红褐色，被白粉，具近直立或钩状扁平皮刺。羽状复叶，小叶通常5枚，稀3枚，顶端急尖，基部楔形至近圆形，上面无毛或仅沿叶脉有短柔毛，下面被稀疏柔毛或仅沿叶脉被短柔毛，边缘有不整齐粗锯齿或缺刻状粗锯齿，顶生小叶顶端有时3浅裂；总叶柄长2～5厘米，顶生小叶柄长1～2厘米，侧生小叶近无柄，与叶轴均

被短柔毛和疏生钩状小皮刺；托叶线状披针形，有柔毛。伞房花序生于侧枝顶端，总花梗和花梗均被灰白色短柔毛；苞片线形，有短柔毛；花萼外面被灰白色短柔毛；萼片边缘具茸毛，花时开展，果时反折；花瓣倒卵形，淡红色至深红色。果实近球形，深红色至紫黑色。

常见于贵州山区茶园，植株高大、多刺，对茶园管理和茶叶采摘造成不便，并且难以防除，宜在其幼苗期尽早防除。根、叶、果实可作药用。

茅莓 *Rubus parvifolius* L. ★★★

英文名：Japanese Bramble

攀缘灌木。枝呈弓形弯曲，被柔毛和稀疏钩状皮刺。小叶3枚，在新枝上偶有5枚，菱状圆形或倒卵形，上面伏生疏柔毛，下面密被灰白色茸毛，边缘有不整齐粗锯齿或缺刻状粗重锯齿，常具浅裂片；叶柄被柔毛和稀疏小皮刺；托叶线形，具柔毛。伞房花序顶生或腋生，具花数朵至多朵，被柔毛和细刺；花梗具柔毛和稀疏小皮刺；苞片线形，有柔毛；花直径约1厘米；花萼外面密被柔毛和疏密不等的针刺；花瓣卵圆形或长圆形，粉红至紫红色。果实卵球形，直径1～1.5厘米，红色。

常见于贵州各地茶园，对茶树、茶园管理和茶叶采摘均危害严重，目前在贵州茶园发生不严重。果实可食，全株可作药用。

茜草科 Rubiaceae

阔叶丰花草 *Borreria latifolia* (Aubl.) K. Schum. ★★ ⑥

英文名：Broadleaf Buttonweed

披散、粗壮草本，被毛。茎明显四棱柱形，棱上具狭翅。叶椭圆形或卵状长圆形，长度变化大，基部阔楔形而下延，鲜时黄绿色，叶面平滑；叶柄长4～10毫米，扁平；托叶膜质，被粗毛。花数朵丛生于托叶鞘内，无梗；小苞片略长于花萼；花冠漏斗形，里面被疏散柔毛，基部具1毛环，顶部4裂。

原产于热带美洲，见于贵州低海拔丘陵地区茶园，在疏于管理之处可大量丛生，当前危害相对较轻。

猪殃殃 *Galium aparine* L. var. *tenerum* (Gren. et Godr.) Rchb. ★★

英文名：Cleavers

　　多枝、蔓生或攀缘状草本。茎具4棱；棱上、叶缘、叶脉上均有倒生的小刺毛。叶纸质或近膜质，6～8枚轮生，稀为4～5枚，带状倒披针形或长圆状倒披针形，顶端有针状凸尖头，基部渐狭，两面常有紧贴的刺状毛，干时常卷缩，1条脉，近无柄。聚伞花序腋生或顶生，少至多花，花小，4数，有纤细的花梗；花萼被钩毛；花冠黄绿色或白色，辐状，裂片长不及1毫米。果干燥，有1或2个近球状的分果爿。

　　常见于贵州各地茶园，有时密集丛生于茶树行间，在低海拔地区的幼茶园危害相对较重。

鸡矢藤 *Paederia scandens* (Lour.) Merr. ★★★★

英文名：Skunkvine

别称为鸡屎藤或臭藤。草质藤本。叶对生，纸质或近革质，形状变化很大；托叶三角形，且与叶片呈"十"字对生，长3～5毫米。圆锥聚伞花序腋生和顶生，扩展，分枝对生，末回分枝上着生的花常呈蝎尾状排列；花冠浅紫色，管长7～10毫米，外面被粉末状柔毛，里面被茸毛，顶部5裂。果球形，成熟时近黄色，有光泽；小坚果浅黑色。

喜温、耐旱，对不同土壤的适应性较强，常见于贵州各地茶园，攀爬覆盖于茶树上阻碍其采光进而造成严重草害；此外，该种全株臭味较重，其入茶叶会严重降低茶叶品质。可作药用。

茜草 *Rubia cordifolia* L. ★★

英文名：Common Madder

草质攀缘藤木。茎细长，方柱形，有4棱，棱上生倒生皮刺，中部以上多分枝。叶通常4枚轮生，纸质，披针形或长圆状披针形，顶端尖，基部心形，边缘有齿状皮刺，两面粗糙，脉上有微小皮刺；基出脉3条，极少外侧有1对很小的基出脉；叶柄有倒生皮刺。聚伞花序腋生和顶生，多回分枝，花序和分枝均细瘦，有微小皮刺；花冠淡黄色，盛开时花冠檐部直径3～3.5毫米，花冠裂片近卵形。果球形，直径通常4～5毫米，成熟时橘黄色。

喜温、耐旱，常生于贵州低海拔地区茶园周边，有时攀爬覆盖于茶树之上，目前危害较轻。

三白草科 Saururaceae

鱼腥草 *Houttuynia cordata* Thunb. ★★

英文名：Fish Mint

别称为蕺菜。腥臭草本。茎下部伏地，节上轮生小根，上部直立，无毛或节上被毛，有时带紫红色。叶薄纸质，有腺点，背面尤甚，卵形或阔卵形，顶端短渐尖，基部心形，两面有时除叶脉被毛外其余均无毛，背面常呈紫红色；叶柄无毛；托叶膜质，长1～2.5厘米，顶端钝，下部与叶柄合生而成长8～20毫米的鞘，且常有缘毛，基部扩大，略抱茎。花序长约2厘米，总花梗长1.5～3厘米，无毛；总苞片长圆形或倒卵形，顶端钝圆；雄蕊长于子房，花丝长为花药的3倍。蒴果长2～3毫米，顶端有宿存的花柱。

喜湿、耐阴，在贵州各地茶园常见，当地作为蔬菜或调味品食用。全草可入药。

玄参科 Scrophulariaceae

泥花草 *Lindernia antipoda* (L.) Alston ★

英文名：Sparrow False Pimpernel

茎多分枝，基部匍匐，下部节上生根，弯曲上升，茎枝有沟纹，无毛。叶片矩圆形至条状披针形，长0.3～4厘米，基部下延有宽短叶柄，而近于抱茎，边缘有锯齿至近于全缘，两面无毛。花多呈顶生总状花序；花梗有条纹，顶端变粗，花期上升或斜展；萼仅基部连合，齿5枚；花冠紫色、紫白色或白色，长可达1厘米。蒴果圆柱形，顶端渐尖。种子为不规则三棱状卵形，褐色，有网状孔纹。

喜湿、耐阴，偶见于贵州低海拔地区茶园潮湿处，目前在贵州茶园危害轻。可供药用。

母草 *Lindernia crustacea* (L.) F. Muell ★★

英文名：Malaysian False Pimpernel

铺散草本。常成密丛，多分枝，枝弯曲上升，微方形，有深沟纹，无毛。叶柄长1～8毫米；叶片三角状卵形或宽卵形，长10～20毫米，顶端钝或短尖，基部宽楔形或近圆形，边缘有浅钝锯齿。花单生于叶腋或在茎枝之顶呈极短的总状花序，花梗细弱，长5～22毫米，有沟纹，近于无毛；花萼坛状，长3～5毫米，外面有稀疏粗毛；花冠紫色，长5～8毫米，管略长于萼，上唇直立，卵形，钝头，有时2浅裂，下唇3裂，中间裂片较大；雄蕊4枚，2强；花柱常早落。蒴果椭圆形。种子近球形，浅黄褐色，有明显的蜂窝状瘤突。

常见于贵州低海拔地区茶园，有时在茶园开阔处或茶园周边呈斑块状发生，危害相对较轻。全草可入药。

细茎母草 *Lindernia pusilla* (Willd.) Bold. ★

英文名：Tiny Slitwort

半直立细弱的铺散草本。茎节上有粗毛，有沟棱。叶下部者有短柄，上部者无柄；叶片卵形至心形，边缘有少数不明显波状细齿或几乎全缘，常向背面反卷，上、下两面有稀疏压平的粗毛。花对生于叶腋，在茎枝顶端作近伞形的短缩总状花序，有花3~5朵，花梗细，无小苞片；萼仅基部联合，外被粗毛；花冠紫色，上唇先端微缺，下唇甚长于上唇，向前伸

展。蒴果卵球形，与宿萼近等长。种子多数，矩圆形，有瘤突。

喜湿、耐阴，偶见于贵州海拔较低茶园潮湿处，目前在贵州茶园危害轻。

通泉草 *Mazus japonicus* (Thunb.)O. Kuntze　★★

英文名：Japanese Mazus

矮小草本，高5～30厘米。茎直立，上升或倾卧状上升，着地部分节上常能长出不定根，分枝多而披散，少不分枝。基生叶少到多数，有时呈莲座状或早落，倒卵状匙形至卵状倒披针形，顶端全缘或有不明显的疏齿，基部楔形，下延成带翅的叶柄，边缘具不规则的粗齿或基部有1～2浅羽裂；茎生叶对生或互生，少数，与基生叶相似或几乎等大。总状花序生于茎枝顶端，常在近基部生花，伸长或上部呈束状；花梗在果期长达10毫米，上部的较短；花冠白色、紫色或蓝色，长约10毫米。

喜湿、耐阴，常见于贵州低海拔地区茶园潮湿处，目前在贵州茶园发生较轻。全草可入药。

蚊母草 *Veronica peregrina* L. ★ 侵

英文名：Neckweed

株高10～25厘米，通常自基部多分枝，主茎直立，侧枝披散，全体无毛或疏生柔毛。叶无柄，下部的倒披针形，上部的长矩圆形，全缘或中、上端有三角状锯齿。总状花序长，果期达20厘米；苞片与叶同形而略小；花梗极短；花萼裂片长矩圆形至宽条形；花冠白色或浅蓝色，长2毫米，裂片长矩圆形至卵形。蒴果倒心形，明显侧扁，长3～4毫米，边缘生短腺毛。种子矩圆形。

原产于美洲，喜湿、耐阴，常见于贵州低海拔地区茶园周边，当前危害较轻。果实常因虫瘿而肥大，带虫瘿的全草可药用。

波斯婆婆纳 *Veronica persica* **Poir.** ★★ ⑤

英文名：Birdeye Speedwell

别称为阿拉伯婆婆纳。铺散草本。茎多分枝，密生2列多细胞柔毛。叶2～4对（腋内生花的为叶状苞片），具短柄，叶片圆形或卵形，长6～20毫米，宽5～18毫米，基部浅心形，平截或浑圆，边缘具钝齿，两面疏生柔毛。总状花序很长；苞片互生，与叶同形且几乎等大；花梗比苞片长；花萼花期长仅3～5毫米，果期增大达8毫米，有睫毛；花冠蓝色、紫色或蓝紫色，长4～6毫米，花裂片卵形至圆形，喉部疏被毛。蒴果肾形，长5毫米，宽约7毫米，网脉明显。种子背面具深的横纹，长约1.6毫米。

原产于西亚和欧洲，喜潮湿、肥沃土壤，偶见于贵州低海拔地区茶园，当前危害较轻，但有时在幼茶园密集发生，可覆盖茶树幼苗，严重影响茶苗生长。

茄科 Solanaceae

白英 *Solanum lyratum* Thunb.　　★

英文名：Bittersweet

　　草质藤本。茎及小枝均密被具节长柔毛。叶互生，多为琴形，基部常3～5深裂，裂片全缘，侧裂片愈近基部的愈小，两面均被白色发亮的长柔毛，中脉明显；少数在小枝上部的叶为心形，较小；叶柄被有与茎枝相同的毛被。聚伞花序顶生或腋外生，疏花，总花梗被具节的长柔毛，花梗无毛，基部具关节；萼环状，无毛，萼齿5枚；花冠蓝紫色，或白色花冠筒隐于萼内，5深裂，先端被微柔毛。浆果球状，成熟时红黑色。种子近盘状，扁平。

　　常见于贵州各地茶园，通常危害较轻，有时可攀爬茶树，影响茶树生长。全株可入药。

龙葵 *Solanum nigrum* L. ★★★

英文名：Black Nightshade

直立草本。茎绿色或紫色，近无毛。叶卵形，先端短尖，基部楔形至阔楔形而下延至柄，全缘或每边具不规则的波状粗齿。蝎尾状花序腋外生，由3～6(10)花组成，总花梗长1～2.5厘米，花梗长约5毫米；萼小，浅杯状；花冠白色，筒部隐于萼内，长不及1毫米，冠檐长约2.5毫米，5深裂，裂片卵圆形，长约2毫米；花丝短，花药黄色。浆果球形，直径约8毫米，熟时黑色。种子多数，近卵形，两侧压扁。

常见于贵州各地茶园，在茶园周边或茶园中开阔处较多，有时在茶树行间密集丛生，覆于茶树之上造成严重草害。全草可入药。

牛茄子 *Solanum surattense* Burm.F. ★ 侵

英文名：Yellow-Berried Nightshade

别称为颠茄。直立草本至亚灌木。植物体除茎枝外各部均被具节的纤毛，茎及小枝具淡黄色细直刺。叶阔卵形，先端尖，基部心形，5～7浅裂或半裂，裂片三角形或卵形，边缘浅波状；上面深绿色，被稀疏纤毛；下面淡绿色；侧脉与裂片数相等，在下面凸出，分布于每裂片的中部，脉上均具直刺；叶柄粗壮，微具纤毛及较长且大的直刺。聚伞花序腋外生，短而少花，花梗纤细被直刺及纤毛；萼杯状，外面具细直刺及纤毛；花冠白色。浆果扁球状，初绿白色，成熟后橙红色，果柄长2～2.5厘米，具细直刺。

原产于南美洲巴西。偶见于贵州低海拔地区茶园周边，目前危害较轻。果有毒，植株含有龙葵碱，具药用潜力。

椴树科 Tiliaceae

单毛刺蒴麻 *Triumfetta annua* L. ★

英文名：Bur Weed

　　草本或亚灌木。嫩枝被黄褐色茸毛。叶纸质，卵形或卵状披针形，先端尾状渐尖，基部圆形或微心形，两面有稀疏单长毛，基出脉3～5条，边缘有锯齿；叶柄有疏长毛。聚伞花序腋生，花序柄极短；苞片和小花均被长毛；萼片长5毫米，先端有角；花瓣比萼片稍短，倒披针形；雄蕊10枚；子房被刺毛，花柱短，柱头2～3浅裂。蒴果扁球形，刺长5～7毫米，无毛，先端弯勾，基部有毛。

　　偶见于贵州丘陵地带茶园，危害较轻。

荨麻科 Urticaceae

苎麻 *Boehmeria nivea* (L.) Gaudich. ★★★

英文名：Radix Boehmeriae

亚灌木或灌木，高0.5～1.5米。茎上部与叶柄均密被开展的长硬毛和近开展和贴伏的短糙毛。叶互生；叶片草质，通常圆卵形或宽卵形，少数卵形，长6～15厘米，宽4～11厘米，顶端骤尖，基部近截形或宽楔形，边缘在基部之上有牙齿，上面稍粗糙，疏被短伏毛，下面密被雪白色毡毛，侧脉约3对；叶柄长2.5～9.5厘米；托叶分生，钻状披针形，长7～11毫米，背面被毛。圆锥花序腋生，或植株上部的为雌性，其下的为雄性，或同一植株的全为雌性，长2～9厘米；雄团伞花序直径1～3毫米，有少数雄花；雌团伞花序直径0.5～2毫米，有多数密集的雌花。雄花花被片4枚，狭椭圆形，长约1.5毫米，合生至中部，顶端急尖，外面有疏柔毛；雄蕊4枚，长约2毫米，花药长约0.6毫米；退化雌蕊狭倒卵球形，长约0.7毫米，顶端有短柱头；雌花花被椭圆形，长0.6～1毫米，顶端有2～3枚小齿，外面有短柔毛，果期菱状倒披针形，长0.8～1.2毫米；柱头丝形，长0.5～0.6毫米。瘦果近球形，长约0.6毫米，光滑，基部突出并缩成细柄。花期8—10月。

在贵州较为常见，常生于山谷林边；在茶园发生量小、危害轻。我国古代重要的纤维作物之一，全草可入药。

悬铃叶苎麻 *Boehmeria tricuspis* (Hance) Makino ★★★

亚灌木或多年生草本。茎中部以上、叶柄和花序轴密被短毛。叶对生，稀互生；叶片纸质，扁五角形或扁圆卵形，顶部3骤尖或3浅裂，边缘有粗牙齿，上面粗糙，有糙伏毛，下面密被短柔毛，侧脉2对；有叶柄。穗状花序单生于叶腋，或同一植株的全为雌性，或茎上部的为雌性，其下的为雄性；团伞花序直径1～2.5毫米。雄花花被片4枚，椭圆形，外面上部疏被短毛，雄蕊4枚；雌花花被椭圆形，齿不明显，外面有密柔毛，果期呈楔形至倒卵状菱形。

常见于贵州丘陵地带茶园周边，通常危害较轻，在疏于管理的茶园有时发生量较大。茎皮纤维坚韧，可纺纱、织布或造纸；根、叶可药用。

水麻 *Debregeasia orientalis* C. J. Chen ★

英文名：Yanagi Ichigo

灌木。小枝纤细，暗红色，常被贴生的白色短柔毛，以后渐变无毛。叶长圆状狭披针形或条状披针形，先端尖，基部圆形或宽楔形，边缘有不等的细锯齿或细牙齿，上面暗绿色，常有泡状隆起，疏生短糙毛，钟乳体点状，背面被白色或灰绿色毡毛，在脉上疏生短柔毛；各级脉在背面突起；叶柄短；托叶披针形，顶端2浅裂。花序雌雄异株，稀同株，生上年生枝和老枝的叶腋处，2回二歧分枝或二叉分枝，每分枝的顶端各生一球状团伞花簇；雄花在芽时扁球形，花被片4枚；雌花几乎无梗，倒卵形；柱头画笔头状。瘦果小浆果状，倒卵形，长约1毫米，鲜时橙黄色。

偶见于贵州丘陵地带茶园周边潮湿处或水边，在贵州茶园危害轻。

蝎子草 *Girardinia suborbiculata* C. J. Chen ★★

英文名：Himalayan Nettle

直立草本。茎麦秆色或紫红色，疏生刺毛和细糙伏毛，几乎不分枝。叶膜质，宽卵形或近圆形，先端尖，基部近圆形、截形或浅心形，稀宽楔形，边缘有8～13枚缺刻状的粗牙齿或重牙齿，稀在中部3浅裂，上面疏生纤细的糙伏毛，下面有稀疏的微糙毛，两面生少数刺毛，基出脉3条，侧脉3～5对；叶柄疏生刺毛和细糙伏毛；托叶披针形或三角状披针形，外面疏生细伏毛。雌雄同株，雌花序单个或雌雄花序成对生于叶腋；雄花序穗状；雌花序短穗状；团伞花序枝密生刺毛。瘦果宽卵形，双凸透镜状，有不规则的粗疣点。

偶见于贵州丘陵地带茶园周边，发生量较小。纤维植物，茎皮纤维是很好的纺织原料；全草可入药。

双子叶杂草

糯米团 *Gonostegia hirta* (Bl.) Miq. ★★★

英文名：Hirtius Memorialis

草本，有时茎基部变木质。茎蔓生、铺地或渐升，上部带四棱形，有短柔毛。叶对生；叶片草质或纸质，顶端长渐尖至短渐尖，基部浅心形或圆形，边缘全缘，上面稍粗糙，有稀疏短伏毛或近无毛，下面沿脉有疏毛或近无毛，基出脉3～5条；叶柄短；托叶钻形。团伞花序腋生；苞片三角形，长约2毫米；雄花花蕾直径约2毫米，花被片5枚，分生，倒披针形；雌花花被长约1毫米，顶端有2枚小齿，有疏毛；柱头有密毛。瘦果卵球形，长约1.5毫米，有光泽。

常见于贵州山区或丘陵地带茶园，可密集攀爬于茶树上，形成较严重的草害，一般不在茶园中形成单优势群落。可作药用。

透茎冷水花 *Pilea pumila* (L.) A. Gray ★

肉质草本。茎直立，无毛。叶近膜质，对生，近平展，菱状卵形或宽卵形，先端尖，基部常宽楔形，有时钝圆，边缘除基部全缘外，其余部分均有锯齿，两面疏生透明硬毛，基出脉3条；叶柄上部近叶片基部常疏生短毛；托叶卵状长圆形，后脱落。花雌雄同株并常同序，雄花常生于花序的下部，花序蝎尾状，密集，几乎生于每个叶腋，雌花枝在果时增长；雄花花被片常2枚，有时3～4枚，近船形。雌花花被片3枚，条形。瘦果三角状卵形。

偶见于贵州山区茶园阴湿处，通常危害较轻。根、茎可作药用。

雾水葛 *Pouzolzia zeylanica* (L.) Benn. ★★

英文名：Graceful Pouzolzsbush

草本。茎直立或斜升，不分枝或下部分枝，茎被短伏毛。单叶互生，卵形，全缘，基部圆形，两面疏被伏毛，具点状钟乳体，羽状脉明显。花小，单性同株，雌雄花混杂排列成腋生的团伞花序，宽约2.5毫米；雄花具短梗，花被片4枚，基部合生；雌花花被管状。瘦果卵形，长约1.2毫米，淡黄白色，上部褐色，或全部黑色，有光泽。

常见于贵州低海拔地区茶园开阔处，通常危害较轻，有时在苔刈茶园发生量较大。

堇菜科 Violaceae

戟叶堇菜 *Viola betonicifolia* J. E. Smith　　★

英文名：Halberdleaf Yellow Violet

多年生草本，无地上茎。根状茎常较粗短。叶多数，均基生，莲座状；叶片狭披针形、长三角状戟形或三角状卵形，基部截形或略呈浅心形，有时宽楔形，花期后叶增大，基部垂片开展并具明显的牙齿，边缘具疏而浅的波状齿；叶柄较长，上半部有狭而明显的翅；托叶褐色，约3/4与叶柄合生，离生部分线状披针形或钻形，先端渐尖，边缘全缘或疏生细齿。花白色或淡紫色，有深色条纹；花梗细长，与叶等长或超出于叶，中部附近有2枚线形小苞片；萼片卵状披针形或狭卵形，先端渐尖或稍尖，基部附属物较短；上方花瓣倒卵形，侧方花瓣长圆状倒卵形，下方花瓣通常稍短；距管状，稍短而粗，末端圆；子房卵球形，长约2毫米，无毛，花柱棍棒状。蒴果椭圆形至长圆形，长6～9毫米，无毛。

全草可药用。偶见于贵州低海拔地区茶园开阔处，危害轻。

长萼堇菜 *Viola inconspicua* Blume ★

英文名：Longsepal Violet

无地上茎，根状茎垂直或斜生，较粗壮。叶均基生，呈莲座状；叶片三角形、三角状卵形或戟形，最宽处在叶的基部，中部向上渐变狭，先端尖，基部宽心形，弯缺呈宽半圆形，两侧垂片发达，通常平展，稍下延于叶柄形成狭翅，边缘具圆锯齿，两面通常无毛；叶柄无毛；托叶3/4与叶柄合生，分离部分披针形。花淡紫色，有暗色条纹；花梗细弱；萼片卵状披针形或披针形，基部附属物伸长，具狭膜质缘；花瓣长圆状倒卵形；距管状，直，末端钝。种子卵球形，深绿色。本种与戟叶堇菜相似，但本种叶片三角形或戟形，先端渐尖，基部弯缺呈宽半圆形，两侧垂片发达，稍下延于叶柄；萼片伸长，基部附属物长2～3毫米，末端具浅裂齿等易辨认。

全草可药用。偶见于贵州低海拔地区茶园开阔处，危害轻。

葡萄科 Vitaceae

蓝果蛇葡萄 *Ampelopsis bodinieri* (Levl. et Vant) Rehd. ★★

木质藤本。小枝圆柱形，有纵棱纹，无毛。卷须二叉分枝，相隔2节间断与叶对生。叶片卵圆形或卵椭圆形，不分裂或上部微3浅裂，基部心形或微心形，边缘每侧有9～19枚急尖锯齿，上面绿色，下面浅绿色，两面均无毛；基出脉5条；叶柄长2～6厘米，无毛。花序为复二歧聚伞花序，疏散，花序梗长2.5～6厘米，无毛。果实近圆球形，直径6～8毫米。

见于贵州海拔较低的丘陵地带茶园，在疏于管理之处可成片覆于茶树之上造成严重草害，防控较为困难，目前在贵州茶园危害较轻。

乌蔹莓 *Cayratia japonica* (Thunb.) Gagnep. ★★★★

英文名：Bushkiller

草质藤本。小枝圆柱形，有纵棱纹。卷须二至三叉分枝，与叶对生。叶为鸟爪状，具5枚小叶，中央小叶长椭圆形或椭圆状披针形；叶柄长1.5～10厘米；托叶早落。花序腋生，复二歧聚伞花序；花序梗无毛或微被毛；花梗长1～2毫米，几乎无毛；花蕾卵圆形，顶端圆形；萼碟形；花瓣4枚，三角状卵圆形。果实近球形，直径约1厘米，有种子2～4粒。种子三角状倒卵形，顶端微凹，基部有短喙。

常见于贵州丘陵地带茶园，在疏于管理的茶园有时发生量较大，密集攀爬于茶树之上，导致严重危害。可作药用。

木贼科 Equisetaceae

节节草 *Equisetum ramosissimum* Desf. ★★

英文名：Branched Horsetail

根状茎直立，横走或斜升，黑棕色，节和根状茎疏生黄棕色长毛或光滑无毛。地上枝多年生，枝一型，节间绿色，主枝多在下部分枝，常形成簇生状；主枝有脊，脊的背部有1行小瘤或浅色小横纹，鞘筒狭长，达1厘米，下部灰绿色，上部灰棕色，鞘齿5～12枚，三角形；侧枝较硬，圆柱状，有脊5～8条，脊上平滑或有1行小瘤或浅色小横纹，鞘齿5～8枚，披针形。孢子囊穗短棒状或椭圆形，顶端有小尖突，无柄。

喜湿、耐阴，在贵州海拔较低地区茶园较为常见，多生于阴湿处，危害较轻。

海金沙科 Lygodiaceae

海金沙 *Lygodium japonicum* (Thunb.) Sw. ★★★★

英文名：Japanese Climbing Fern

攀缘植物。叶的羽片生于短枝两侧，羽片相距9～11厘米，叶纸质，连同叶轴、羽叶轴均被短毛。营养叶羽片尖三角形，2回羽状，末回小羽片通常掌状3裂，边缘有不整齐的圆钝齿。孢子叶羽片卵状三角形，裂片边缘疏生流苏状孢子囊穗。孢子囊穗长2～4毫米，排列稀疏，暗褐色，无毛。

适应的生境幅度广，常见于贵州各地茶园，在温度较高地区或高温季节茶园可密集覆盖茶树，影响茶树采光，进而导致严重草害。全草可入药。

蕨科 Pteridiaceae

蕨 *Pteridium aquilinum* **(L.) Kuhn var.** *latiusculum* **(Desv.) Underw. ex Heller**★★★★★

英文名：Bracken Fern

根状茎长而横走，密被锈黄色柔毛，以后逐渐脱落。叶柄长20～80厘米，基部棕色，光滑，上面有浅纵沟1条；叶片阔三角形或长圆三角形，长30～60厘米，3回羽状；羽片4～6对，斜展，基部1对最大；小羽片约10对，先端尾状渐尖，小羽片上的裂片10～15对，平展，全缘；中部以上的羽片逐渐变为1回羽状。叶脉稠密，仅下面明显。叶干后近革质或革质，暗绿色，上面无毛，下面在裂片主脉上被棕色或灰白色的疏毛或近无毛。叶轴及羽轴均光滑，小羽轴上面光滑，下面被疏毛。

常见于贵州山区茶园，常密集丛生形成严重草害，人工防除后可再生，因此防控困难。可食用、药用。

茶园杂草彩色图谱

凤尾蕨科 Pteridaceae

井栏边草 *Pteris multifida* Poir. ★★

英文名：Spider Brake

根状茎短而直立，粗 1 ～ 1.5 厘米。叶多数，密而簇生，明显二型；不育叶叶柄麦秆色或暗褐色而有麦秆色的边，稍有光泽，光滑；叶片 1 回羽状，对生，斜向上，

无柄，线状披针形，先端渐尖，下部 1 ～ 2 对通常分叉，有时近羽状；能育叶有较长的柄，羽片 4 ～ 6 对，狭线形，仅不育部分具锯齿，余均全缘，基部 1 对有时近羽状。主脉两面均隆起，禾秆色，侧脉明显，稀疏。叶干后草质，暗绿色，遍体无毛；叶轴禾秆色，稍有光泽。

喜湿、耐阴，在贵州海拔较低地区茶园较为常见，多生于阴湿处，危害较轻。全草可入药。

茶园杂草 原色图谱

chapter one

第二章
茶园杂草情况概述

第一节 茶园杂草发生特点及治理现状

一、茶园杂草的概念

杂草是指人类有目的栽培植物以外的植物，生长在有碍于人类生存和活动的地方，一般是自然生长的野生植物。茶园杂草一般可以定义为茶园里除了茶树和其他木本植物以外的植物。

二、茶园杂草的危害

茶园杂草在茶叶生产中存在着两面性，一方面杂草群落作为茶园生态系统的主要组分之一，其动态演替可影响茶园生态系统结构，直接关系到其中的天敌昆虫、微生物等群落的组成结构、多样性和数量配制。另一方面杂草具有抗逆境能力强、繁殖快、生长旺盛的特点，吸收水分和养分的能力强，并且经过长期的自然进化和人工选择，具有广泛的适应性和顽强的生命力。茶树是多年生常绿灌木，茶园生态系统复杂稳定，茶园杂草种类多、草相复杂且稳定性强。

茶园杂草的危害主要在四个方面，一是直接危害，具体表现为与茶树争水、争肥、争光，影响茶树生长，在管理不善的地方，杂草密布，出现"见草不见茶"的情况，有调查表明，全年不除草的茶园比人工、化学除草茶园减产14.98%～19.84%（周子燕等，2012）；二是间接危害，杂草还可能携带病虫害或成为许多茶树病虫害的中间寄

茶园杂草为害

主，许多病菌、害虫都以杂草为转主寄主或越冬场所，助长病虫害的滋生；三是妨碍农事操作，在许多管理不善的茶园，杂草丛生，甚至覆盖茶篷，茶农无法进行农事操作或采茶，严重影响茶叶的生产；四是导致部分茶区化学除草剂的大量施用，部分茶区在防控杂草时为达到省工、省时的目的，大量使用草甘膦等除草剂，化学除草剂的使用一定程度上有针对性地降低了茶园杂草的数量，对非靶标杂草无法进行有效防治，长期使用将导致非靶标杂草的蓄积并成为优势杂草，同时茶园杂草抗性增加、草相趋于复杂，茶园生态系统遭到破坏，也会导致茶叶品质降低、品系流失，严重制约茶园经济效益的提高和可持续化发展。

三、茶园杂草的种类及影响因素

（一）茶园杂草种类

我国茶区栽植面积广阔，茶园杂草物种丰富，不同地区茶园杂草组成差异较大。据朱文伟等（2009）在福建调查，福建茶区杂草有194种，分属64科；据李粉华等（2013）调查，江苏茶区杂草达206种，分属51科163属；王海斌等（2016）调查发现，福建安溪县茶园杂草有140种，分属于35科94属；谢冬祥等（1994）调查发现，四川茶区杂草有38科106属144种；夏建平等（2007）在丽水茶区调查发现，杂草有36科141种；张觉晚（2010）在湖南茶区调查发现，杂草有48科128种；洪海林等（2007）在湖北南部茶区调查发现，杂草有29科94种。茶园杂草种类主要为菊科、禾本科、蓼科、苋科、大戟科、豆科、十字花科、旋花科、石竹科、蔷薇科、茄科、百合科、莎草科、防己科、鸭跖草科、玄参科、茜草科、葡萄科、唇形科、伞形科、毛茛科、紫草科、凤尾蕨科、车前科、堇菜科、藜科、报春花科、马齿苋科、锦葵科、忍冬科、夹竹桃科、商陆科、大麻科、桔梗科、爵床科、番杏科、海金沙科、酢浆草科、天南星科、千屈菜科、葫芦科、柳叶菜科、牻牛儿苗科、萝藦科、樟科、梧桐科、椴树科、马兜铃科、木贼科、鳞毛蕨科、里白科等。从发表的文献综合分析，其中菊科、禾本科、唇形科所属种类较多，其次为蔷薇科、苋科、伞形科，其种数占所有科种数总和的百分率依次为16.34%、15.35%、5.94%、3.47%、2.97%、2.48%。

（二）茶园杂草种类的影响因素

1. 地理纬度

综合跨省（自治区、直辖市）或省（自治区、直辖市）内的数据发现，随着纬度的降低，茶园杂草物种多样性增加。同经度不同纬度的仪征、金坛和宜兴的茶区秋季杂草数据表明，仪征与宜兴茶园杂草群落物种组成为中等相似（相似性系数0.68）；仪征与金坛茶园杂草群落物种组成为中等相似（相似性系数0.70）；然而，金坛和宜兴地理位置相邻，两地茶园杂草群落物种组成为极相似（相似性系数0.85）。该结果表明，杂草物种数量随纬度的增加而减少；不同地区间的纬度差异越小，杂草物种组成相似度越大。

2. 海拔高度

低海拔至高海拔的茶园杂草种类调查数据表明，随着海拔增加，茶园杂草种类减少。例如，四川省低海拔（500米以下）茶区杂草有34科108种，中海拔（700米左右）

茶区杂草有30科97种，高海拔（1 000米左右）茶区杂草有24科72种。对于不同海拔的茶区，杂草发生量最大的是阔叶杂草，最小的是莎草科杂草；随着海拔的增加，阔叶杂草的发生量呈降低趋势，而禾本科杂草和莎草科杂草呈增加趋势；其中，莎草科杂草的增加幅度较大。

3.地形地貌

茶园杂草的发生种类与茶区地形地貌相关。例如，安徽西部大别山的丘陵茶区多位于河谷、山丘，杂草草相复杂，品种多，共有42科148种杂草，其中，菊科、大戟科、苋科、伞形科、蔷薇科、蓼科、旋花科危害较重；江淮丘陵茶区位于暖温带小丘陵地区，杂草种类相对较少，共41科146种，草相复杂度也较低。

4.茶树树龄

与幼龄茶园相比，成龄茶园的杂草种类丰富。春季成龄茶园的杂草物种丰富度、均匀度指数和多样性指数均高，杂草群落优势度指数低于幼龄茶园；春季幼龄茶园的杂草物种丰富度较低，杂草优势种突出，易危害茶树。例如，江苏金坛茶树树龄在10年以上的茶园，春季杂草以多年生杂草和阔叶杂草为主，多年生杂草发生危害程度重；其中，相对多度（relative abundance）大于20%的杂草种类是一年蓬（32.21%）、萹草（22.69%）、猪殃殃（21.92%）；此外，相对多度为10%～20%的杂草有婆婆纳、繁缕、卷耳、酢浆草、野老鹳草和泥胡菜，这些杂草加剧了防除成本和防除难度。

5.温度与湿度

（1）杂草种类与温度相关。由春季过渡到秋季，茶园温度增加，有利于杂草生长，茶园杂草种类呈增加趋势；其中，禾本科、菊科杂草种类增加幅度大。冬季温度降低，杂草生长呈降低趋势。例如，江苏金坛茅山丘陵地区某年春季茶园杂草共40种。其中，禾本科杂草4种、阔叶杂草31种、莎草科杂草1种、其他杂草4种，分别占总种类数的10.00%、77.50%、2.50%、10.00%；相对多度最大的是萹草，为38.04%，田间密度

化学除草的茶园

为39.07株/米^2。秋季茶园杂草共80种。其中，菊科14种、禾本科8种、大戟科5种、唇形科4种、苋科4种、豆科和百合科各3种，分别占总种类数的17.50%、10.00%、6.25%、5.00%、5.00%、3.75%、3.75%。

（2）杂草种类与湿度相关。马齿苋、铁苋菜、地锦草、反枝苋属耐旱性杂草，在干旱季节呈旺长趋势；马唐和狗尾草属耐湿性杂草，在多雨季节呈旺长趋势。

6. 除草剂

不同杂草对除草剂的敏感度不同，长期选择单一除草剂除草会导致某一类草产生抗药性，导致茶园草相发生变化。例如，草甘膦可有效控制狗牙根、香附子、白茅等多年生恶性杂草，但蓼、一年蓬、小飞蓬、空心莲子草等双子叶杂草，马唐、看麦娘、牛筋草、千金子等单子叶杂草却因为草甘膦对其无效而成为主要杂草。

四、茶园杂草治理现状

茶园杂草治理研究综合了农艺、农药、生态等学科的成果和技术措施。20世纪90年代，针对杂草防除，国际植物保护学家研究形成了杂草的综合管理（integrated weed management，IWM）理念和具体措施。IWM是基于生物多样性的原理，将杂草看成作物生态系统的一部分，并将杂草控制在对作物产生危害的阈值之下。它是以杂草发生及危害预测为基础，综合了品种选择、耕作、机械耕除、生物防除、土壤施肥和化学除草等综合措施，该措施强调长期性、交替性、安全性。

（一）农艺控草

当前，主要的农艺控草措施包括人工除草、机械除草、栽培控草和覆盖控草等。

1. 人工除草

该方法为传统的茶园除草方式，效率低、用工成本较高。研究发现，人工除草对酸模属等多年生杂草防除效果较好。茶叶产量对比研究表明，间隔2个月的人工除草效果优于间隔4个月或6个月的人工除草效果。

2. 机械除草

通过除草机械及土壤作业等方式切断草根，控制杂草生长。对于新建茶园，目前主要采用深松中耕除草；对于幼龄和成龄茶园，可采用不同深度的深松中耕培土除草。幼龄茶园的人工除草研究表明，对于6周的间隔期，采用根部深割除草方式的除草效果不及普通割草加上覆盖的效果。在雨量充沛且茶园陡峭的区域，深耕除草的措施会加剧茶园表层土壤的流失。例如，有研究发现，在斯里兰卡年降水量为5 000毫米和1 250毫米的茶园，采用人工除草措施导致表层土壤（约30厘米）随雨水流失加剧，土壤平均流失量为40吨/（公顷·年）。

3. 栽培控草

该方法通过缩小茶篷行距，压缩杂草生存空间，控制杂草生长。此外，可利用植物间互补优势或作物群体优势的原理，采用间/套作方式提高对杂草的控制能力。如麦稻套作、麦豆套作、粮棉套作、棉瓜套作等模式已得到成功应用。研究发现，在贵州石阡幼龄茶园中采用茶树与白三叶—红三叶—百脉根/羽扇豆的种植模式，利用作物群体的竞争能力能很好地控制茶园杂草。

人工除草

4. 覆盖控草

采用秸秆覆盖阻碍杂草光合作用，抑制杂草种子萌发，抑制杂草生长，降低杂草相对密度。研究表明，采用麦秸覆盖，可控制杂草生长，其控草效果与麦秸覆盖量呈正相关。

（二）化学除草剂除草

相对于其他除草措施，施用化学除草剂是一种简便、高效的措施。目前，我国登记可在茶园使用的除草剂商品共有107种，包括草甘膦、扑草净、莠去津、草铵膦、西玛津、灭草松等，以草甘膦应用较多。然而，片面依赖除草剂会导致杂草抗性增加，茶园草相变化，草害防治难度加大。例如，在斯里兰卡，长期采用除草剂后，Hedyotis neesiana 和 Crassocephalus crepidioides 等杂草很快成为茶园的优势草种。此外，除草剂对人类健康的影响也不容忽视。

（三）生物除草剂除草

生物除草剂具有专一性强、安全、无残留等优点。迄今，国内外已有不少具有除草潜力的微生物除草剂品种，以及具有开发潜力的杂草病原菌和植物毒素等，值得在茶园杂草防控中研究与应用。例如，由灰色链霉菌SANK63584培养液中的分离物制成的除草剂Hydantocidin，其作用成分为腺苷酸琥珀酸合成酶，具有良好的内吸活性。该药剂对一年生杂草及多年生杂草均具有良好的抑制活性，与草甘膦等化学除草剂的防效相当。上述研究成果表明，生物除草剂可替代化学除草剂除草，具有较大的发掘利用价值。

（四）生态养草控草

生态养草能有效控制茶园病虫草害。目前可用的控草措施较多，如以草治草、作物竞争治草、作物化感控草等措施。研究表明，很多作物能分泌萜类、阿魏酸和咖啡酸等化感物质，这些物质可抑制其他草本植物种子发芽和幼苗生长。实践表明，茶园间作百喜草或圆叶决明与留养杂草茶园相比较，发现间作百喜草或圆叶决明的茶园茶冠层和凋落层捕食螨的物种丰富度、有效多样性指数、个体数和绝对丰度明显高于留养杂草茶园；间作百喜草或圆叶决明能显著增加茶冠层和凋落层优势种圆果大赤螨（*Anystis baccarum*）的个体数。研究表明，茶园种植白三叶能控制马唐等杂草的发生量，能减少茶小绿叶蝉的虫口基数。宋同清等（2006）研究表明，茶园间作白三叶可抑制茶园杂草生长，其抑草机理与如下因素相关：生理占位，白三叶发达的根系和地上部可挤占其他杂草的生存空间；化感控草，白三叶草根部分泌抑制杂草的化感物质，控制杂草生长。此外，茶园种植对杂草竞争力强的豌豆、大豆等豆科作物，可有效控制杂草的发生和危害，改善微生态环境，增加害虫的天敌数量，提高茶树树势。

（五）生物防草

目前，采用在茶园养鹅、养鸭控制杂草在部分地区得到推广应用。在此基础上，可结合茶园种植禾本科饲草，对茶园杂草实现竞争性抑制；同时，又能为茶园养殖的动物提供食料，养殖动物的粪便还可为茶树提供肥料，构成循环的生态链。

五、展望

茶树是多年生植物，茶园生态系统复杂稳定。作为抗逆性和适应性强的植物类群，杂草是茶园生态系统的组成部分。它与茶树可形成竞争关系，影响茶树的生长；同时，杂草抗逆性强，防除难度较大。因此，如何采取科学、有效、安全的防控措施控制茶园杂草，尽可能减少杂草对茶树的危害，确保茶叶提质、丰产，保障生态环境安全，显得非常重要和紧迫。

笔者在综述了我国的茶园杂草种群、危害和防控技术等现状后，认为我国在控制茶园杂草危害方面存在如下问题：

（1）我国茶园杂草的危害调查不全面。主要体现在茶园杂草的种类、发生规律、危害程度调查不全面，杂草与生态系统的互作规律研究不深入。目前，大部分调查工作仅集中在部分省、市或更小的区域。在调查过程中发现，有些草种在物种分类、命名上缺乏科学规范和统一。因此，可以认为我国茶园杂草的家底不清。

（2）我国茶园杂草防除工作不扎实。主要表现在以下几个方面：①农艺控草工作不系统。农艺控草在水稻、蔬菜等作物中有较为成熟的技术措施，但对于茶园中栽培控草、耕作控草、机械除草、覆盖控草和堆肥除草等农艺技术还缺乏系统研究。②茶园生态养草机理研究不深入。例如，目前发现三叶草控制杂草效果显著，但三叶草控制杂草的化感物质尚不明确，其作用机制也不是很明确。此外，绿肥优势品种培育、绿肥对茶园土壤生长的适应性评价、绿肥与茶树的协同共生关系、绿肥与茶园生态系统的关系等还需进一步研究和明确。③化学除草过度依赖草甘膦等除草剂。采用化学除草剂控制茶园杂草具有管护成本低、操作简便等优点，但长期使用化学除草剂带来的环境、生态风险和作业者的健康威胁等问题也被大家所公认；此外，过度依赖除草剂造成的草相变化、杂草对除草剂抗性增加等问题也非常突出。因此，开发安全、高效、环境友好的生物除草剂，可为今后茶园杂草控制提供技术储备。

一、贵州茶树种植和茶叶生产概况

贵州省地处低纬度高海拔山区（海拔148～2 900米），属亚热带湿润季风气候，喀斯特地貌分布广泛，地理环境优越，十分适宜茶树的种植，也是世界茶树的发源地之一，1980年在贵州省晴隆县和普安县交界处发现了世界上唯一的茶籽化石。

近年来贵州高度重视茶产业的发展，截止到2017年，贵州全省茶园面积46.67万公顷（投产茶园面积35.13万公顷）。

2016年，贵州省绿茶产量占茶叶总产量的76.3%，红茶占9.8%，黑茶占6.5%，其他茶类及紧压茶原料占7.4%。

（1）卷曲形绿茶。以都匀毛尖、梵净山茶（卷曲形）、瀑布毛峰、黎平香茶、凤冈毛峰、晴隆绿茶等为代表的卷曲形名优绿茶和大宗优质绿茶产业带。预计2019年，产量达15万吨，产值达180亿元。

（2）扁形绿茶。以湄潭翠芽、凤冈锌硒茶（扁形茶）、梵净山茶（扁形茶）、水城春、务川大叶茶等为代表的扁形茶产业带。预计2019年，产量达8.5万吨，产值达128亿元。

（3）颗粒形绿茶。以绿宝石、雷山银球茶为代表的颗粒形绿茶产业带，以花溪、凤冈、江口、雷山、开阳为核心的产业带。预计2019年，产量达6万吨，产值达65亿元。

（4）直条形绿茶。以正安白茶、贵州针、凤冈直条毛峰等为代表的直条形茶产业带。预计2019年，产量达3万吨，产值达30亿元。

（5）红茶。以遵义红、都匀红、普安红、石阡苔茶（红茶）、凉都红等为代表的贵州红茶产业带。预计2019年，产量达9.5万吨，产值达90亿元。

（6）以黑茶、抹茶、煎茶等为代表的其他茶。预计2019年，产量达3万吨，产值达6亿元。

二、贵州茶园杂草情况

为了明确贵州茶园杂草群落特征，为科学开展茶园杂草综合防控提供直接依据，2017年笔者所在团队在贵州省7个茶叶主产县（市、区）共65块茶园展开田间杂草群落调查。

（一）材料与方法

1.调查方法
2017年5月20日至9月22日，在贵州省7个茶叶主产县（市、区）的茶叶连片种植地点，随机设置了13个样地，共调查了65块茶园（表1）。所选茶园的茶树树龄在5年以上并且长势较好，不同茶园间隔在10米以上，每块茶园调查面积约600米²。在每个调查样地，观测杂草的高度、盖度、株数等，并采用七级目测法记录每种杂草的优势度等级。杂草种类鉴定参照《中国杂草志》《中国植物志》（http://frps.iplant.cn/）。

表1 所调查的13个贵州茶园样地基本信息

样地编号	调查日期	地　　点
1	2017年5月21日	开阳县禾丰乡
2	2017年5月20日	花溪区久安乡
3	2017年5月26日	水城县杨梅乡
4	2017年8月4日	凤冈县永安镇
5	2017年8月4日	凤冈县永安镇
6	2017年8月5日	湄潭县抄乐镇
7	2017年8月5日	湄潭县兰馨茶庄基地
8	2017年9月20日	都匀市坝固种畜场
9	2017年9月21日	瓮安县玉山镇
10	2017年9月21日	都匀市毛尖镇
11	2017年9月21日	都匀市绿茵湖办事处
12	2017年9月22日	瓮安县建中镇
13	2017年9月22日	瓮安县中坪镇

2. 数据统计分析方法

计算不同样地每种杂草的相对优势度，公式如下：

$$相对优势度 = \frac{某种杂草的优势度值}{\Sigma 样方内杂草的优势度值}$$

建立"样地-杂草相对优势度"数据矩阵，在此基础上，采用Levins公式计算各种杂草的生态位宽度；生态位宽度值（Ni）越大表明杂草在调查区域内的分布越多且发生量越大，并计算每块样地内杂草群落的Shannon指数和Pielou指数；采用R3.2.3软件中的Vegan程序包计算样地之间的Jaccard差异性指数和Bray-Curtis差异性指数。Shannon指数和Pielou指数用于反映特定生境内种的多样性（α多样性）和均匀性。在本研究中，Shannon指数越大，说明所调查茶园杂草的α多样性越高；Pielou指数越大说明所调查茶园杂草发生越均匀。Jaccard差异性指数和Bray-Curtis差异性指数用于反映杂草群落之间物种组成的差异性（β多样性），前者基于物种名录计算，后者基于物种发生量指标计算。在本研究中，Jaccard差异性指数和Bray-Curtis差异性指数越大，则表明所调查的茶园之间杂草群落结构的差异性越大，即β多样性越高。采用SPSS16.0软件中的成对样本t检验分析13个样地中外来入侵杂草与本地杂草在物种数、相对优势度总和、Shannon指数和Pielou指数上的差异性。

（二）结果与分析

1. 贵州茶园杂草种类组成

在65个茶园样地中共记录了134种杂草（表2），共涉及41科，其中菊科种类最多，达28种，其次是禾本科（22种），其他还有蔷薇科和蓼科各9种，石竹科和苋科各5种，莎草科和豆科各4种，蕨类杂草5种，分属5科。此外，有23种外来入侵杂草，其中11种属于菊科，4种属于苋科。

表2 贵州茶园调查观察到的134种杂草名录

科	种名及拉丁名	科	种名及拉丁名
菊科	藿香蓟Ageratum conyzoides*		丛枝蓼Polygonum posumbu
	牛蒡Arctium lappa	苋科	牛膝Achyranthes bidentata
	艾蒿Artemisia argyi		空心莲子草Alternanthera philoxeroides*
	野艾蒿Artemisia lavandulaefolia		凹头苋Amaranthus lividus*
	钻叶紫菀Aster subulatus*		反枝苋Amaranthus retroflexus*
	鬼针草Bidens pilosa*		皱果苋Amaranthaceae viridis*
	烟管头草Carpesium cernuum	石竹科	蚤缀Arenaria serpyllifolia
	石胡荽Centipeda minima		牛繁缕Myosoton aquaticum
	小飞蓬Conyza canadensis*		繁缕Stellaria media
	苏门白酒草Conyza sumatrensis*		雀舌草Stellaria uliginosa
	野茼蒿Crassocephalum crepidioides*		箐姑草Stellaria vestita
	鱼眼草Dichrocephala auriculata	豆科	野大豆Glycine soja
	一年蓬Erigeron annuus*		木蓝Indigofera tinctoria
	粗毛牛膝菊Galinsoga quadriradiata*		葛Pueraria lobata
	鼠麴草Gnaphalium affine		白三叶Trifolium repens*
	天胡荽Hydrocotyle sibthorpioides	莎草科	中华薹草Carex chinensis
	马兰Kalimeris indica		碎米莎草Cyperus iria
	毒莴苣Lactuca serriola*		香附子Cyperus rotundus*
	毛莲菜Picris hieracioides		短叶水蜈蚣Kyllinga brevifolia
	翅果菊Pterocypsela indica	唇形科	风轮菜Clinopodium chinense
	多裂翅果菊Pterocypsela laciniata		细风轮菜Clinopodium gracile
	千里光Senecio scandens		石荠宁Mosla scabra
	豨莶Siegesbeckia orientalis	茜草科	猪殃殃Galium aparine var. tenerum
	一枝黄花Solidago decurrens		鸡矢藤Paederia scandens
	花叶滇苦菜Sonchus asper*		茜草Rubia cordifolia
	苦苣菜Sonchus oleraceus*	玄参科	宽叶母草Lindernia nummularifolia
	蒲公英Taraxacum mongolicum		通泉草Mazus japonicus
	黄鹌菜Youngia japonica		波斯婆婆纳Veronica persica*

科	种名及拉丁名	科	种名及拉丁名
禾本科	看麦娘Alopecurus aequalis	荨麻科	鳞片水麻Debregeasia squamata
	荩草Arthraxon hispidus		糯米团Gonostegia hirta
	马唐Digitaria sanguinalis		透茎冷水花Pilea pumila
	光头稗Echinochloa colonum	伞形科	积雪草Centella asiatica
	稗Echinochloa crusgalli		鸭儿芹Cryptotaenia japonica
	小旱稗Echinochloa crusgalli var. austro-japonensis		水芹Oenanthe javanica
	牛筋草Eleusine indica	藜科	藜Chenopodium album
	鲫鱼草Eragrostis tenella		土荆芥Chenopodium ambrosioides*
	白茅Imperata cylindrica	十字花科	弯曲碎米荠Cardamine flexuosa
	柔枝莠竹Microstegium vimineum		碎米荠Cardamine hirsuta
	五节芒Miscanthus floridulus	茄科	喀西茄Solanum khasianum
	求米草Oplismenus undulatifolius		龙葵Solanum surattense
	糠稷Panicum bisulcatum	旋花科	打碗花Calystegia hederacea*
	短叶黍Panicum brevifolium		飞蛾藤Dinetus racemosus
	狼尾草Pennisetum alopecuroides	酢浆草科	酢浆草Oxalis corniculata
	白顶早熟禾Poa acroleuca		红花酢浆草Oxalis corymbosa*
	早熟禾Poa annua	百合科	菝葜Smilax china
	大狗尾草Setaria faberii	报春花科	金爪儿Lysimachia grammica
	金色狗尾草Setaria glauca	车前科	车前Plantago asiatica
	棕叶狗尾草Setaria palmifolia*	大戟科	铁苋菜Acalypha australis
	狗尾草Setaria viridis	堇菜科	紫花地丁Viola philippica
	鼠尾粟Sporobolus fertilis	景天科	珠芽景天Sedum bulbiferum
蔷薇科	龙芽草Agrimonia pilosa	桔梗科	铜锤玉带草Pratia nummularia
	蛇莓Duchesnea indica	爵床科	爵床Rostellularia procumbens
	柔毛路边青Geum japonicum var. chinense	萝藦	萝藦Metaplexis japonica
	蛇含委陵菜Potentilla kleiniana	毛茛科	威灵仙Clematis chinensis
	野蔷薇Rosa multiflora	葡萄科	乌蔹莓Cayratia japonica
	西南悬钩子Rubus assamensis	桑科	构树Broussonetia papyrifera
	插田泡Rubus coreanus	三白草科	鱼腥草Houttuynia cordata
	高粱泡Rubus lambertianus	商陆科	美洲商陆Phytolacca americana*
	木莓Rubus swinhoei	薯蓣科	薯蓣Dioscorea opposita

科	种名及拉丁名	科	种名及拉丁名
蓼科	金荞麦 Fagopyrum dibotrys	藤黄科	地耳草 Hypericum japonicum
	卷茎蓼 Fallopia convolvulus	五加科	楤木 Aralia chinensis
	何首乌 Fallopia multiflora	鸭跖草科	鸭跖草 Commelina communis
	头花蓼 Polygonum capitatum	紫萁科	紫萁 Osmunda japonica
	水蓼 Polygonum hydropiper	陵齿蕨科	乌蕨 Stenoloma chusanum
	酸模叶蓼 Polygonum lapathifolium	蕨科	蕨 Pteridium aquilinum
	尼泊尔蓼 Polygonum nepalense	凤尾蕨科	井栏边草 Pteris multifida
	杠板归 Polygonum perfoliatum	海金沙科	海金沙 Lygodium japonicum

注：* 表示外来入侵杂草。

在65块所调查的茶园中，共观察到134种杂草，其中48种杂草的出现频率>10%，其中出现频率最高的是蕨类杂草，出现频率高达81.97%，出现频率在30%的杂草还有野茼蒿（67.21%）、柔枝莠竹（59.02%）、酢浆草（50.82%）、苏门白酒草（49.18%）、美洲商陆（40.98%）、丛枝蓼（39.34%）、马唐（37.70%）、牛膝（34.43%）、小飞蓬（34.43%）、繁缕（32.79%）。此外，鼠麴草、水蓼、龙葵、藿香蓟、何首乌、野艾蒿、鬼针草、马兰、五节芒、鸭跖草、木莓、尼泊尔蓼、牛繁缕等13种杂草的出现频率为20%～30%。

在48种贵州茶园常见杂草中，生态位宽度值最大的杂草是苏门白酒草，其次是柔枝莠竹和蕨；酢浆草、龙葵、野茼蒿、美洲商陆、马唐、牛膝、藿香蓟和木莓的生态位宽度也较大（表3）。此外，值得注意的是，这48种常见杂草中有9种为外来入侵杂草，其中苏门白酒草、野茼蒿、美洲商陆分布较广，并且在一些茶园中危害十分严重。

表3 贵州茶园样方调查中出现频率大于10%的48种常见杂草的生态位宽度值

种	Ni	种	Ni	种	Ni
苏门白酒草*	6.82	西南悬钩子	3.72	牛繁缕	2.23
柔枝莠竹	6.23	何首乌	3.68	野大豆	2.23
蕨	6.01	千里光	3.44	鸭跖草	2.19
酢浆草	5.87	小飞蓬*	3.43	石荠苧	2.13
龙葵	5.58	光头稗	3.42	猪殃殃	2.10
野茼蒿*	5.33	水蓼	3.21	尼泊尔蓼	2.09
美洲商陆*	5.26	鼠麴草	3.18	箐姑草	2.00
马唐	5.23	插田泡	3.13	大狗尾草	1.95
牛膝	4.93	丛枝蓼	3.09	粗毛牛膝菊*	1.94
藿香蓟*	4.88	繁缕	3.09	风轮菜	1.85
木莓	4.26	马兰	3.08	鲫鱼草	1.73

种	Ni	种	Ni	种	Ni
五节芒	4.21	一年蓬*	3.04	鼠尾粟	1.68
蛇莓	3.93	莐草	3.02	糯米团	1.67
杠板归	3.84	狗尾草	2.79	细风轮菜	1.65
紫花地丁	3.80	鬼针草*	2.45	黄鹌菜	1.54
野艾蒿	3.75	金色狗尾草	2.31	苦苣菜*	1.13

注：* 表示外来入侵杂草。

2. 贵州茶园杂草多样性

所调查的65块茶园中杂草种类数为6～42种，平均每个样地中杂草种类数为15.57种。就调查的13个茶园样地的α多样性和均匀性而言，Shannon指数值为2.54～29.44，平均值为14.54；Pielou指数为0.41～0.87，平均值为0.73。因此，调查区域茶园杂草群落α多样性较大，各样地杂草群落中各种杂草的发生较为均匀。

在所调查的13个贵州茶园样地中，外来入侵杂草种数为2～9，平均每个样地中外来入侵杂草种类数为6.23种；外来入侵杂草的相对优势度之和平均值为16.12，Shannon指数平均值为4.22（表4），成对样本t检验显示这3个指标均显著小于本地杂草的相应指标（$P < 0.01$）；各样地中外来入侵杂草的Pielou指数平均值为0.79，与本地杂草的均匀度指数无显著差异。

表4 贵州茶园各调查样地中外来入侵杂草和本地杂草的种数、
相对优势度之和、Shannon指数和Pielou指数

样地编号	种数		优势度之和		Shannon指数		Pielou指数	
	外来	本地	外来	本地	外来	本地	外来	本地
1	9	42	8.93	91.07	8.06	17.99	0.95	0.77
2	8	33	12.08	87.92	4.32	12.95	0.70	0.73
3	2	8	4.03	95.97	1.90	2.16	0.93	0.37
4	4	23	2.70	97.30	3.61	11.79	0.93	0.79
5	7	39	6.89	93.11	5.30	10.39	0.86	0.64
6	9	40	28.03	71.97	4.47	26.91	0.68	0.89
7	7	26	35.64	64.36	3.51	9.78	0.65	0.70
8	5	15	18.15	81.85	2.50	3.62	0.57	0.48
9	7	26	17.92	82.08	4.95	13.16	0.82	0.79
10	9	25	25.79	74.21	5.75	13.83	0.80	0.82
11	7	19	21.61	78.39	5.13	6.49	0.84	0.64
12	4	31	3.20	96.80	2.43	11.41	0.64	0.71
13	3	19	24.63	75.37	2.87	10.97	0.96	0.81
平均	6.23	26.62	16.12	83.88	4.22	11.65	0.79	0.70

就 β 多样性而言，基于样地中各种杂草种类数计算的样地间的Jaccard差异性指数为0.60 ~ 0.98，平均值为0.79；而基于样地中各种杂草相对优势度计算的样地间的Bray-Curtis差异性指数为0.41 ~ 1.00，平均值为0.75（表5）。该结果表明区域内茶园杂草群落的 β 多样性均较高。

表5　贵州茶园13个样地间的Jaccard差异性指数（数值0的上部）和Bray-Curtis差异性指数（数值0的下部）值

样地	1	2	3	4	5	6	7	8	9	10	11	12	13
1	0	0.65	0.89	0.87	0.72	0.78	0.76	0.82	0.69	0.69	0.76	0.72	0.88
2	0.62	0	0.91	0.87	0.81	0.77	0.83	0.87	0.83	0.77	0.86	0.87	0.93
3	0.87	0.71	0	0.97	0.94	0.96	0.98	0.97	0.95	0.95	0.94	0.90	0.93
4	0.86	0.83	0.89	0	0.67	0.69	0.67	0.83	0.78	0.80	0.77	0.78	0.86
5	0.84	0.89	0.95	0.44	0	0.72	0.75	0.78	0.77	0.69	0.69	0.75	0.79
6	0.78	0.76	0.92	0.67	0.73	0	0.68	0.79	0.79	0.80	0.75	0.73	0.87
7	0.88	0.89	1.00	0.51	0.61	0.58	0	0.77	0.65	0.84	0.72	0.69	0.80
8	0.89	0.70	0.41	0.82	0.85	0.71	0.79	0	0.82	0.77	0.69	0.75	0.76
9	0.68	0.79	0.86	0.71	0.87	0.70	0.74	0.76	0	0.66	0.72	0.64	0.78
10	0.79	0.82	0.90	0.82	0.79	0.81	0.90	0.83	0.73	0	0.60	0.70	0.78
11	0.85	0.82	0.84	0.67	0.59	0.80	0.71	0.72	0.73	0.68	0	0.64	0.86
12	0.76	0.66	0.69	0.61	0.65	0.75	0.68	0.64	0.68	0.78	0.55	0	0.79
13	0.69	0.89	0.89	0.62	0.70	0.83	0.75	0.85	0.60	0.70	0.66	0.65	0

（三）结论与讨论

贵州茶园杂草种类丰富，菊科杂草及蕨、美洲商陆危害最重。本研究发现贵州茶园杂草有41科134种，从种类上看与四川茶园38科106属144种、湖北咸宁茶园37科130多种、福建安溪茶园35科140种、浙江茶园38科141种接近。调查发现贵州茶园杂草中的优势种包括蕨、苏门白酒草、野茼蒿、柔枝莠竹、酢浆草、美洲商陆、丛枝蓼、马唐、牛膝、藿香蓟、龙葵、繁缕、小飞蓬等；据谢冬祥等调查，四川茶园主要以扛板归、马兰、马唐、白茅、狗牙根等为主，而洪海林等在湖北咸宁茶园调查，该区域茶园主要以马唐、白茅、狗牙根、早熟禾、雀舌草、野艾蒿、小飞蓬、婆婆纳、猪殃殃等为主。综合本次调查结果以及贵州、湖北、福建等地茶园杂草群落调查结果，菊科和禾本科杂草均为优势科，这与菊科和禾本科杂草生态适应性、抗逆性、多实性、生长势等方面的优势密不可分。此外，在贵州花溪区久安乡调查的茶园中箐姑草危害严重，甚至形成单优势群落，密集遮盖在茶树上，导致大片茶园茶树长势弱，病害严重甚至导致茶树死亡；在湄潭县兰馨茶庄基地调查的一片茶园中苏门白酒草形成单优势群落，导致大片茶园茶树长势弱而严重减产；在海拔较低的农田改种茶叶地区茶园中发现马唐危害较重，在苔刈重长（仅保留茶树地上40厘米以下部分）

的茶园，野茼蒿危害较重。此外，在所调查的茶园中，也发现美洲商陆、柔枝莠竹单优势杂草群落。

所调查的13个样地Shannon指数平均值为14.54，大于江苏金坛茶园，也大于马铃薯、小麦、水稻田和菜田，结果显示茶园不同样地间杂草群落的差异性平均值超过0.70。不同杂草群落结构对杂草防控措施有不同的适应性，因此针对不同类型的茶园杂草群落采取不同的控草策略至关重要。茶园杂草种类多样性是其生物多样性的重要组成部分，这对于茶园病虫草害综合防控具有潜在的利用价值。越来越多的研究表明维持农田生态系统的杂草多样性对于农田可持续生产具有重要意义。

贵州茶园外来入侵杂草危害严重。在本次调查记录的134种杂草中，有23种杂草为外来入侵种；在48种贵州茶园常见杂草中，有9种为外来入侵杂草，特别是其中的苏门白酒草、野茼蒿、藿香蓟、小飞蓬、美洲商陆等已成为贵州茶园恶性杂草；这几种外来入侵杂草均具有结实量大的特点，其中前面4种为菊科杂草，其头状花序产生大量的瘦果能随风飘散，散播性较强。而贵州茶园多位于山坡上，常年有风，极有利于这些外来入侵杂草的蔓延。美洲商陆植株高大、繁茂，其肉质浆果内的种子外种皮坚硬，浆果被鸟类啄食后其种子经鸟类粪便排出，进而实现远距离扩散。这些外来入侵杂草的扩散传播潜力巨大，给茶园杂草的防控工作进一步增加了困难。

中文名索引

（按中文拼音顺序）

拉丁名索引

E

Echinochloa hispidula (Retz.) Nees / 14

Eleusine indica (L.) Gaertn. / 15

Emilia sonchifolia (L.) DC. / 62

Equisetum ramosissimum Desf. / 173

Eragrostis tenella (L.) Beauv. ex Roem. et Schult. / 16

Erigeron annuus (L.) Pers. / 63

Erigeron philadelphicus L. / 64

Eupatorium chinense L. / 66

Euphorbia thymifolia L. / 106

F

Fallopia convolvulus (L.) Love / 127

Fallopia multiflora (Thunb.) Harald. / 128

Fimbristylis dichotoma (L.) Vahl / 5

G

Galinsoga parviflora Cav. / 67

Galinsoga quadriradiata Ruiz et Pav. / 68

Galium aparine L. var. *tenerum* (Gren. et Godr.) Rchb. / 148

Geranium wilfordii Maxim. / 107

Geum japonicum Thunb. / 70

Girardinia suborbiculata C. J. Chen / 165

Gnaphalium affine D. Don / 71

Gnaphalium pensylvanicum Willd. / 72

Gonostegia hirta (Bl.) Miq. / 166

H

Hedera nepalensis K. Koch var. *sinensis* (Tobl.) Rehd. / 48

Heterosmilax japonica Kunth / 28

Houttuynia cordata Thunb. / 151

Hydrocotyle sibthorpioides Lam. / 45

Hypericum patulum Thunb. ex Murray / 108

I

Imperata cylindrica (L.) Raeuschel / 17

Ipomoea nil (L.) Choisy / 98

Ipomoea purpurea (L.) Roth / 99

Ipomoea triloba L. / 97

Ixeris gracilis Stebb. / 73

K

Kalimeris indica (L.) Sch. -Bip. / 74

Kummerowia striata (Thunb.) Schindl. / 113

Kyllinga brevifolia Rottb. / 6

L

Lactuca serriola L. / 75

Leonurus japonicus Houttuyn / 111

Lindernia antipoda (L.) Alston / 152

Lindernia crustacea (L.) F. Muell / 153

Lindernia pusilla (Willd.) Bold. / 154

Lobelia davidii Franch. / 86

Lygodium japonicum (Thunb.) Sw. / 174

Lysimachia christinae Hance / 139

M

Mariscus umbellatus Vahl / 7

Mazus japonicus (Thunb.)O. Kuntze / 155

Melastoma candidum D. Don / 119

Melastoma dodecandrum Lour. / 120

Microstegium vimineum (Trin.) A. Camus / 18

Miscanthus floridulus (Lab.) Warb. ex Schum. et Laut. / 20

Mollugo stricta L. / 36

Myosoton aquaticum (L.) Moench / 90

O

Oplismenus undulatifolius (Arduino) Beauv. / 21

Oxalis corniculata L. / 122

Oxalis corymbosa DC. / 123

P

Paederia scandens (Lour.) Merr. / 149

Panicum bisulcatum Thunb. / 22

Pennisetum alopecuroides (L.) Spreng. / 23

Phytolacca acinosa Roxb. / 124

Phytolacca americana L. / 125

Pilea pumila (L.) A. Gray / 167

Pinellia ternata (Thunb.) Breit / 2

参考文献

洪海林, 肖本权, 2000. 鄂南茶园杂草的初步调查 [J]. 湖北植保 (1) : 31.

李粉华, 孙国俊, 季敏, 等, 2013. 江苏茶园杂草群落物种多样性分析 [J]. 江西农业学报 (5) : 69-71, 74.

李粉华, 孙国俊, 季敏, 等, 2013. 江苏金坛茶园春季主要杂草发生危害调查研究 [J]. 江西农业学报, 25(4) : 30-33.

宋同清, 王克林, 彭晚霞, 等, 2006. 亚热带丘陵茶园间作白三叶草的生态效应 [J]. 生态学报, 26(11) : 3647-3655.

王海斌, 叶江华, 陈晓婷, 等, 2016. 福建安溪县茶园杂草群落多样性调查分析 [J]. 中国农学通报, 32(7) : 91-96.

夏建平, 夏建丽, 2007. 丽水茶园杂草种类及其防除措施 [J]. 中国茶叶 (1) : 40-41.

谢冬祥, 凌泽方, 王景容, 等, 1994. 四川茶园主要杂草的发生及防除 [J]. 西南农业学报, 7(1) : 105-109.

张觉晚, 2010. 湖南茶园主要杂草生态调查与调控措施 [J]. 茶叶通讯, 37 (2) : 102.

周子燕, 李昌春, 胡本进, 等, 2012. 安徽省茶园杂草主要种类调查 [J]. 中国茶叶 (1) : 18-20.

朱文伟, 郑汉智, 陈凌文, 2009. 福建茶园主要杂草及其无公害防治方法 [J]. 福建茶叶, 31(2) : 26, 28.

图书在版编目（CIP）数据

茶园杂草彩色图谱/谈孝凤，张斌，陈国奇主编．—北京：中国农业出版社，2020.1
ISBN 978-7-109-26375-8

Ⅰ．①茶… Ⅱ．①谈… ②张… ③陈… Ⅲ．①茶园－杂草－图谱 Ⅳ．①S451-64

中国版本图书馆CIP数据核字（2019）第294751号

中国农业出版社出版
地址：北京市朝阳区麦子店街18号楼
邮编：100125
责任编辑：郭晨茜　国　圆　　文字编辑：谢志新
版式设计：王　晨　　责任校对：沙凯霖
印刷：北京通州皇家印刷厂
版次：2020年1月第1版
印次：2020年1月北京第1次印刷
发行：新华书店北京发行所
开本：787mm×1092mm　1/16
印张：13.5
字数：280千字
定价：100.00元

版权所有·侵权必究
凡购买本社图书，如有印装质量问题，我社负责调换。

服务电话：010 - 59195115　010 - 59194918